的后期必修课

风光篇

赖国亮——著

人民邮电出版社
北京

图书在版编目（CIP）数据

摄影师的后期必修课. 风光篇 / 赖国亮著. -- 北京:
人民邮电出版社, 2024.3
ISBN 978-7-115-63498-6

Ⅰ. ①摄… Ⅱ. ①赖… Ⅲ. ①图像处理软件－教材
Ⅳ. ①TP391.413

中国国家版本馆CIP数据核字(2024)第007509号

内 容 提 要

想要修出好照片，精通数码摄影后期处理技术是必不可少的。本书系统全面地讲解了风光摄影后期的核心技巧和方法，旨在帮助读者打造令人惊艳的风景大片。

本书共13章，主要介绍了Photoshop中基础蒙版调整图层的使用、常规蒙版调整图层的使用、特殊蒙版调整图层的使用，延时摄影视频的前期拍摄和后期制作，以及春绿罗平、冬季雪景、秋色坝上、甘南风光、世遗宏村、夏日婺源、元阳梯田、雪山风光、最美滩涂等典型的风光摄影后期处理案例等内容。书中提供了示例和详细的步骤，以帮助读者理解和掌握实用的风光摄影后期调修技巧。

本书适合数码摄影、广告摄影、照片后期处理等领域各层次的读者参考学习。无论是专业修图师，还是普通的摄影后期爱好者，都可以通过本书迅速提高风光数码摄影作品后期处理水平。

◆ 著　　　　赖国亮
责任编辑　张　贞
责任印制　周昇亮

◆ 人民邮电出版社出版发行　　北京市丰台区成寿寺路 11 号
邮编　100164　　电子邮件　315@ptpress.com.cn
网址　https://www.ptpress.com.cn
北京九天鸿程印刷有限责任公司印刷

◆ 开本：690×970　1/16
印张：12.5　　　　2024 年 3 月第 1 版
字数：217 千字　　2024 年 3 月北京第 1 次印刷

定价：79.80 元

读者服务热线：(010)81055296　印装质量热线：(010)81055316
反盗版热线：(010)81055315
广告经营许可证：京东市监广登字 20170147 号

序

“达盖尔摄影术”自1839年在法国科学院和艺术院正式宣布诞生后，其用摄影捕捉、定格瞬间的能力一直让我们着迷。某种程度上，摄影的核心是对摄影人内在感知的转化——围绕日常事物、自然环境、新闻等命题展开创作，对看得见的、看不见的，以及形而上的一种诠释，不同作品透露着摄影人个体性、差异性的价值观。

在数字时代，几乎每个人都拥有一部带有摄像头的智能手机，出于对外在的感知、思考和记录，不管创作和传播的技术如何发展，摄影的基本行为和摄影存在的基本理由让我们所有人似乎都成为了“摄影师”。

然而，就创作手段而言，简单地复刻外在场景难以达到深刻的情感共鸣。事实上，无论是纪实新闻，还是艺术题材，摄影从来都不是简单的“再现”。摄影创作，永远与艺术家的想象力、创造力及价值观密不可分！在摄影创作过程中，个体化的视觉经验和生活体验是摄影创作图式语言的渊源，而又因个体性的差异形成了摄影艺术形态的多样性，呈现出各尽其美的面貌。

摄影是一个用眼睛去看，用心去感受，通过快门与后期调整更直观地体现内心，从而引发观者共情的创作过程。摄影创作更应该注重“感知的转化和感知的长度”，对更深程度的感觉、感知进行发掘。优秀的摄影作品不一定是描述宏大场景的壮阔与悲壮，但一定能与每个人的平凡生活产生共鸣。这些作品源自作者对外在世界的感受和理解，然后通过摄影语言呈现给观众，从而让观者产生情感、记忆及内心视觉的共情，形成陌生而熟悉的体验。作者的感受和理解越深刻，作品的感染力就越强。归根结底，所谓摄影，即找到能触动自己的、自己最想要表达的情感世界，并通过画面传达给观者。

十余年历程，十余年如斯，大扬影像始终以不变的初心，探索摄影前沿趋势，重视和扶持摄影师的成长，认同美学与思想兼具的作品。春华秋实，大扬影像汇聚各位大扬人，以敏锐的洞察力及深入浅出的摄影技巧，为大家呈现出一整套系统、全面的摄影图书，和各位读者一起去探讨摄影的更多可能性。摄影既简单，又不简单。如何用各自不同的表达方式，以独特的触角，在作品中呈现自己的思考和追问——如何创作和成长？如何深层次表达？怎样让客观有限的存在，超越时间和空间，链接到更高的价值维度？这是本系列图书所研究的内容。

系列图书讨论的主题十分广泛，包括数码摄影后期、短视频剪辑、电影与航拍视频制作，以及 Photoshop 等图像处理软件对艺术创作的影响，等等。与其说这是一套摄影教程，不如说是一段段摄影历程的分享。在该系列图书中，摄影后期占了很大一部分，窃以为，数码摄影后期处理的思路比技术更重要，掌握完整的知识体系比学习零碎的技术更有效。这里不是各种技术的简单堆叠，而是一套摄影后期处理的知识体系。不仅深入浅出地介绍了常用的后期处理工具，还展示了当今摄影领域前沿的后期处理技术。不仅教授读者如何修图，还分享为什么要这么处理，以及这些后期处理方法背后的美学原理。

期待系列图书能够从一个局部对当代中国摄影创作进行梳理和呈现，也希望通过多位名师的经验分享和美学思考，向广大读者传递积极向上、有温度、有内涵、有力量的艺术食粮和生命体验。

杨勇
2024 年元月
福州上下杭

前言

在风光摄影中，后期处理是展现作品魅力和提升影像质量的重要环节。通过本书，我将与您分享我的经验和技巧，帮助您掌握风光摄影后期处理技术，创造出令人惊叹的作品。风光摄影是一种让我们与大自然相连的方式，它让我们能够领略大自然的壮丽和细腻之美。在后期处理过程中，我们能够进一步调整风光摄影作品的构图、色彩和细节，以展现个人风格。

本书将引导您学习风光摄影后期处理的关键技术和工具，帮助您优化照片。无论您是初学者还是有一定经验的后期处理爱好者，本书都可以为您提供有价值的知识和指导。通过学习和实践，您将能够将原始照片转化为具有深度、光彩和视觉冲击力的精美作品。

最后，感谢您阅读本书。我衷心希望本书能够成为您在风光摄影后期处理领域的指南和灵感之源。愿本书为您的摄影之旅提供无限可能！

赖国亮

目录

第 1 章　基础蒙版调整图层的使用

本章讲解基础蒙版调整图层的使用。基础蒙版调整图层包含曝光度蒙版调整图层、亮度 / 对比度蒙版调整图层、色相 / 饱和度蒙版调整图层、自然饱和度蒙版调整图层，下面分别讲解它们各自的功能及使用方法。

1.1　曝光度蒙版调整图层

我们将照片导入 Photoshop，如图 1-1 所示。单击“曝光度”，新建曝光度蒙版调整图层，如图 1-2 所示。曝光度“属性”面板中有“曝光度”“位移”和“灰度系数校正”3 个参数，“曝光度”参数用于调整图像的亮度，我们可以通过增加或减少“曝光度”值来改变整个图像的明暗程度；“位移”参数用于对暗部的明暗进行调整；“灰度系数校正”参数可以改变蒙版中灰度值的范围，进而影响图层的可见性和透明度。

图 1-1

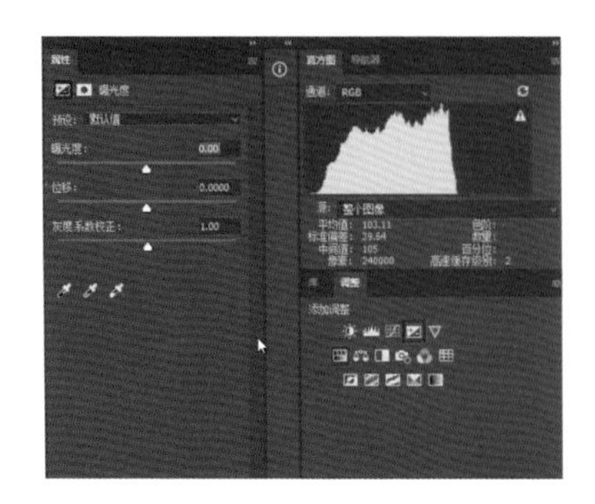

图 1-2

调节曝光度参数

我们先来调节“曝光度”参数。如果我们将“曝光度”值设为 1.00，就是增加 1 挡曝光量，如图 1-3 所示；将“曝光度”值设为 -1.00，就是减少 1 挡曝光量。

调节位移参数

我们再来调节“位移”参数。将滑块往左边滑动，可以看到画面的暗部变黑了，如图 1-4 所示；将滑块往右边滑动，可以看到暗部变白了，如图 1-5 所示。

图 1-3

图 1-4

调节灰度系数校正参数

最后我们调节“灰度系数校正”参数。将滑块往左边滑动，画面会变灰，如图 1-6 所示；将滑块往右边滑动，画面会变通透，如图 1-7 所示。我们可以配合调节“曝光度”参数，从而对照片的影调进行调整。调整的时候一定要注意观察直方图，如图 1-8 所示。“位移”参数我们基本不动，因为稍微动一点就会对画面的暗部产生很大的影响，让细节丢失。以上就是曝光度蒙版调整图层的使用方法。

图 1-5

图 1-6

图 1-7

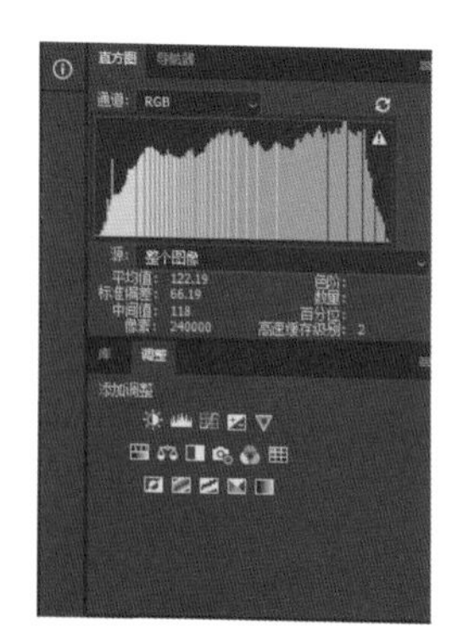

图 1-8

1.2　亮度 / 对比度蒙版调整图层

我们将照片导入 Photoshop，如图 1-9 所示。单击“亮度 / 对比度”，新建亮度 / 对比度蒙版调整图层，如图 1-10 所示。在亮度 / 对比度“属性”面板中有“亮度”和“对比度”两个参数：“亮度”参数的作用是改变图层的整体亮度；“对比度”参数的作用是改变图层的色彩范围，增加或减少颜色之间的差异程度。除此之外，在亮度 / 对比度“属性”面板右上角还有一个“自动”按钮，如图 1-11 所示，单击该按钮，Photoshop 就会用自己的一套算法根据画面自动调整照片的亮度和对比度。

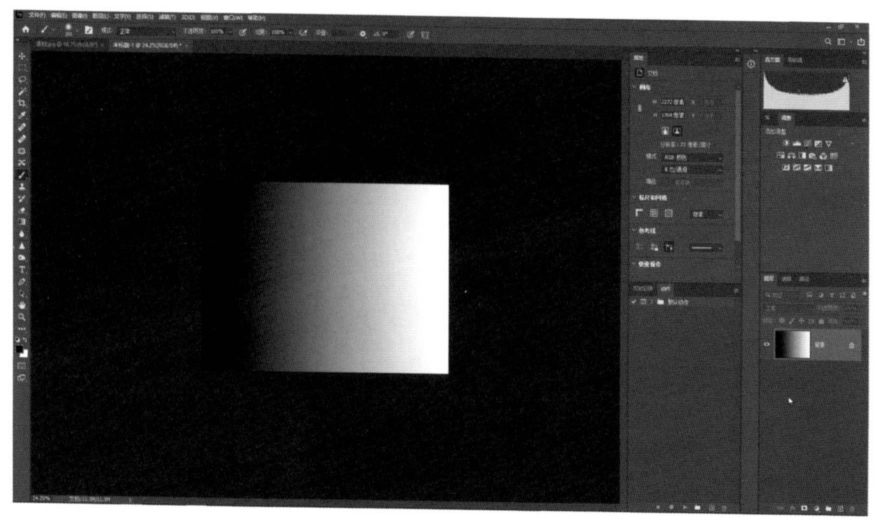

图 1-9

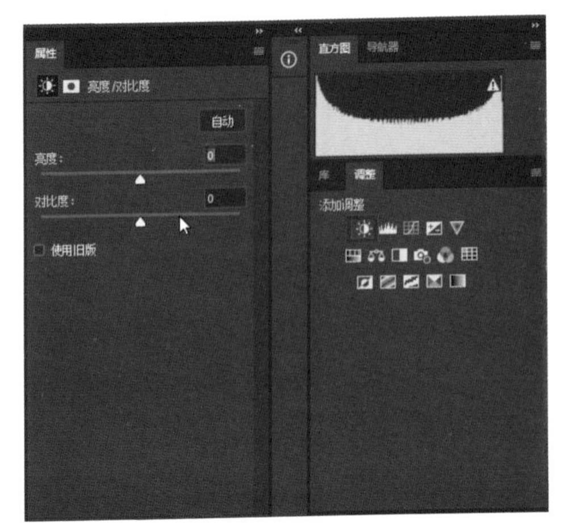

图 1-10
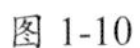

图 1-11

调节亮度参数

我们先来调节亮度参数。把“亮度”的滑块往左边滑动，可以看到画面变暗，如图 1-12 所示；将滑块往右边滑动，整个画面变亮，如图 1-13 所示。

图 1-12

图 1-13

调节对比度参数

下面我们看一下调节“对比度”参数对画面的影响。将“对比度”滑块向左滑动，整张照片变灰，如图 1-14 所示，黑的地方没有那么黑了，白的地方没有那么白了；将“对比度”滑块向右滑动，能看到灰色的地方变少了，黑色和白色的地方变多了，如图 1-15 所示，这样就提高了画面的对比度，也就是增大了明暗之间的反差。

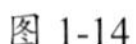

图 1-14

图 1-15

具体案例演示

下面我们通过案例演示亮度 / 对比度蒙版调整图层的使用方法。我们先将照片导入 Photoshop，如图 1-16 所示，然后使用亮度 / 对比度蒙版调整图层对梯田的颜色以及画面整体的细节进行完善。单击“亮度 / 对比度”，新建亮度 / 对比度蒙版调整图层，如图 1-17 所示，观察直方图会发现直方图的左边和右边是没有细节的，如图 1-18 所示。

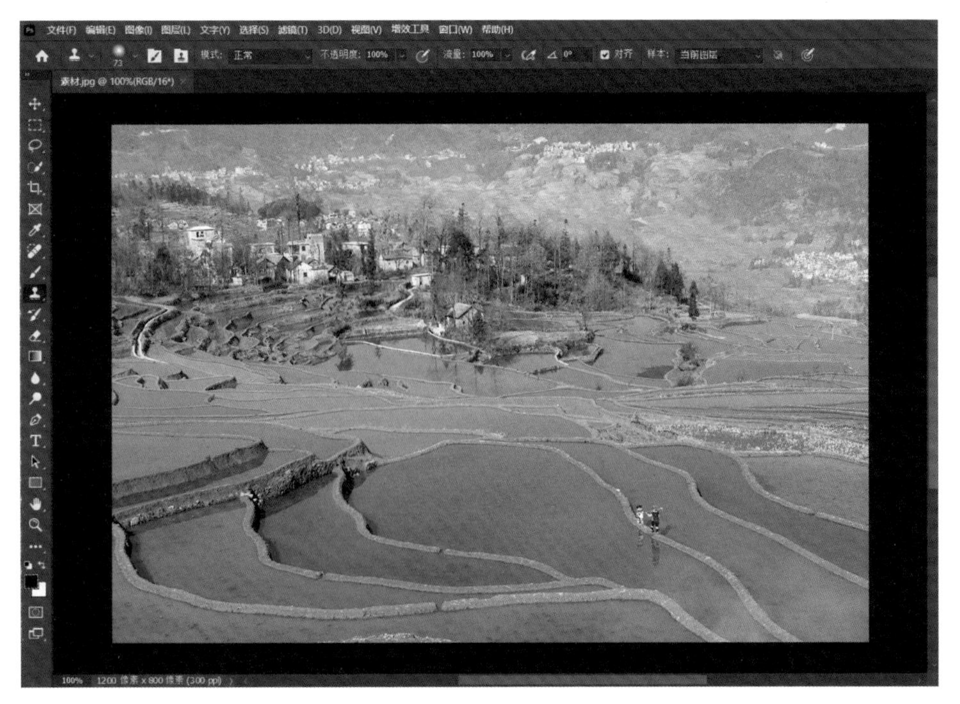

图 1-16

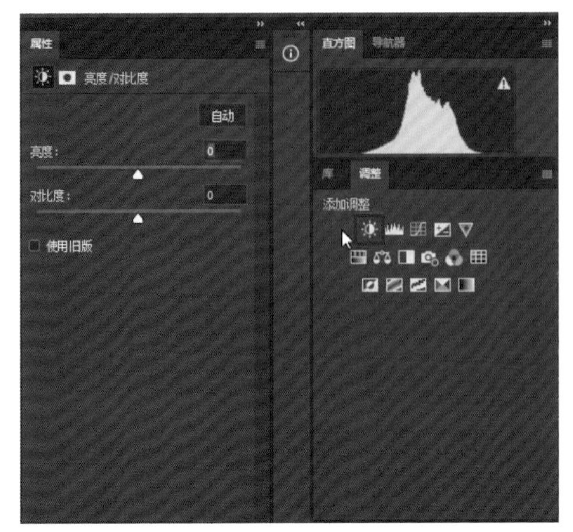

图 1-17

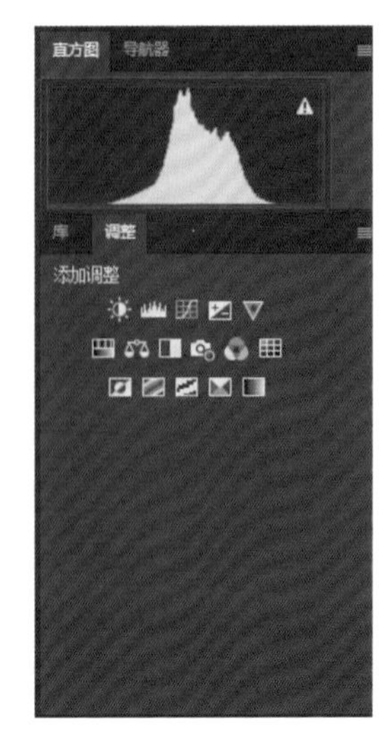

图 1-18

这时我们提高照片的对比度，可以看到直方图向两边扩散了，如图 1-19 所示，但扩散得还不够多，那就再新建一个亮度 / 对比度蒙版调整图层，继续提高照片的“对比度”值，让直方图继续向两边扩散，同时降低亮度，完善照片的细节，如图 1-20 所示。这时照片就调整好了，如图 1-21 所示。以上就是亮度 / 对比度蒙版调整图层的使用方法。

图 1-19

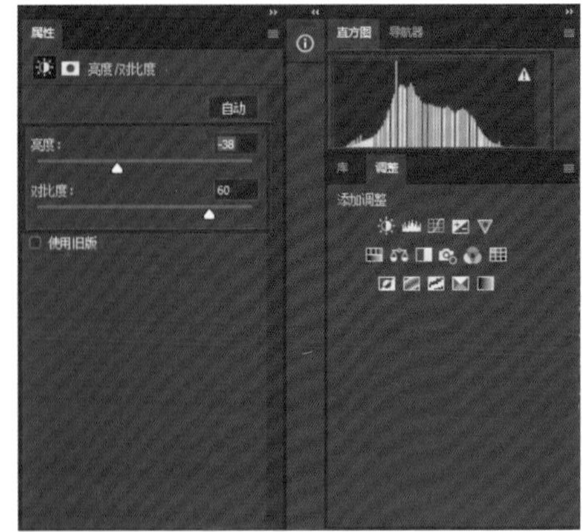

图 1-20

图 1-21

1.3　色相 / 饱和度蒙版调整图层

色相 / 饱和度蒙版调整图层可以调整照片的色调及饱和度。我们先找到一张照片，如图 1-22 所示，将其导入 Photoshop。如果想要让照片中的植物变得更绿，我们可以单击“色相 / 饱和度”，新建一个色相 / 饱和度蒙版调整图层，如图 1-23 所示。色相 / 饱和度“属性”面板中有目标选取工具，以及“色相”“饱和度”“明度”等参数。目标选取工具用于选择要调整的照片中特定的色彩区域；“色相”参数用于调整照片或选定区域中色彩的整体色相；“饱和度”参数可以控制色彩的浓度；“明度”参数可以控制色彩的亮度。

图 1-22

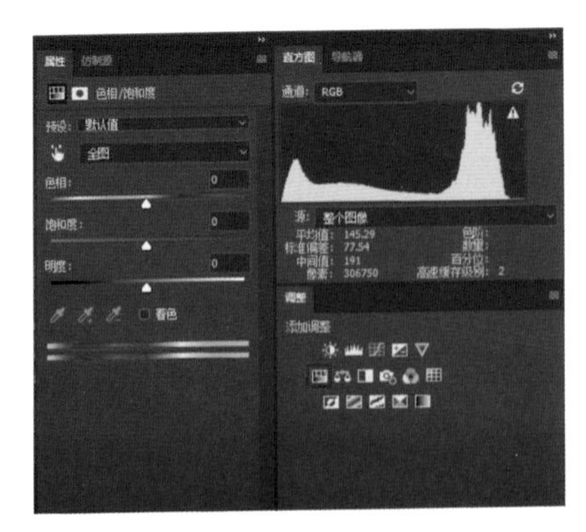

图 1-23

目标选取工具

我们单击目标选取工具，使用吸管工具单击图中想要调整的色彩区域，就可以对色彩进行吸取，如图 1-24 所示。

图 1-24

调节色相参数

我们选取色彩之后，会发现 Photoshop 已经将色彩识别出来了，然后我们通过参数滑块来对色彩进行调整，如图 1-25 所示。将“色相”滑块往左滑动，植物变红了，如图 1-26 所示；将“色相”滑块往右滑动，植物变绿了，如图 1-27 所示。这是因为往左滑动滑块，可使画面的色相靠近暖色调；往右滑动滑块，可使画面的色相靠近冷色调。我们想要让植物变绿，而绿色是偏冷的色调，所以要将滑块向右滑动。

图 1-25

图 1-26

图 1-27

调节饱和度参数

“饱和度”参数可以控制色彩的浓度。降低“饱和度”值，画面中色彩的浓度就会降低，如图 1-28 所示；提高“饱和度”值，画面中色彩的浓度就会提高，如图 1-29 所示。

图 1-28

图 1-29

调节明度参数

“明度”参数可以控制色彩的亮度。提高“明度”值，画面的亮度就会提高，如图 1-30 所示；降低“明度”值，画面的亮度就会降低，如图 1-31 所示。需要注意的是，明度提高的同时饱和度会降低。

图 1-30

如果觉得吸取的色彩不够，我们可以使用吸管工具多吸取几个地方的色彩，如图 1-32 所示。以上就是色相 / 饱和度蒙版调整图层的使用方法。

图 1-31　　图 1-32

1.4　自然饱和度蒙版调整图层

我们将照片导入 Photoshop，如图 1-33 所示。单击“自然饱和度”，创建自然饱和度蒙版调整图层，如图 1-34 所示。自然饱和度“属性”面板中有自然饱和度和饱和度两个参数，这两个参数可以通过滑块来控制。“自然饱和度”参数用于增强或减弱低饱和度的色彩，同时保持高饱和度色彩的相对稳定。“饱和度”参数则会均衡地提高或降低整张照片或选定区域中色彩的饱和度。

图 1-33

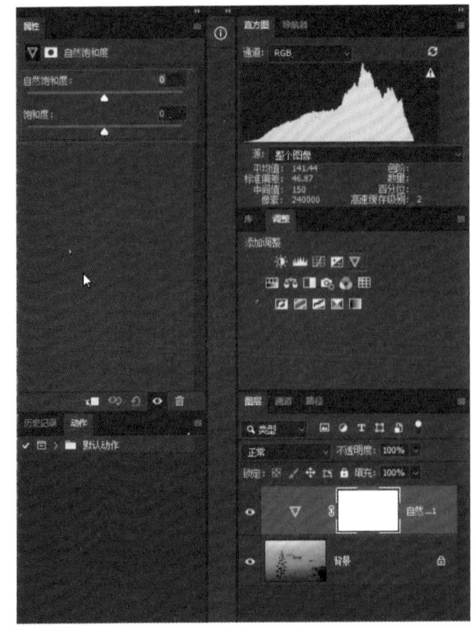

图 1-34

自然饱和度和饱和度参数的调整

下面讲解如何调整“自然饱和度”和“饱和度”参数。我们先将“自然饱和度”滑块往左滑，照片整体的饱和度就会降低，如图 1-35 所示；将滑块往右滑，照片整体的饱和度就会提高，如图 1-36 所示。“饱和度”参数的调整则采用相同的方法。

图 1-35

图 1-36

自然饱和度和饱和度参数的区别

“自然饱和度”和“饱和度”参数的区别在哪里呢？如果我们把“饱和度”值调至 -100，那么画面就会变成黑白的，如图 1-37 所示，照片的色彩信息就被完全去除了，如图 1-38 所示。如果我们把“饱和度”调到 +100，可以看到照片中很多地方的色彩都溢出了，如图 1-39 所示，这就是我们所说的过饱和。

图 1-37

图 1-38

通俗来讲，如果我们想要使照片的饱和度效果更自然，就调整“自然饱和度”参数；如果我们只是单纯地想把照片变成黑白的，那就调整“饱和度”参数。平时我们还是尽量调整“自然饱和度”参数，因为调整它所产生的效果会柔和一些。把“饱和度”调到 +50，画面效果如图 1-40 所示；把“自然饱和度”调到 +50，画面效果如图 1-41 所示。通过两张照片的比较，我们能看出调整“自然饱和度”参数后，照片中色彩之间的过渡会比较自然。以上就是自然饱和度蒙版调整图层的使用方法。

图 1-39

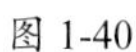

图 1-40

图 1-41

第 2 章　常规蒙版调整图层的使用

本章讲解常规蒙版调整图层的使用。常规蒙版调整图层包含黑白蒙版调整图层、可选颜色蒙版调整图层、渐变映射蒙版调整图层、曲线蒙版调整图层、色彩平衡蒙版调整图层、色阶蒙版调整图层。下面分别讲解它们的功能及使用方法。

2.1　黑白蒙版调整图层

制作黑白效果的方法

我们先找到一张照片，如图 2-1 所示。如果想要将这张照片制作成黑白效果，在 Photoshop 中有以下几种方法。第一种方法是单击“色相 / 饱和度”，将“饱和度”值降为 -100，如图 2-2 所示，照片就变成黑白的，如图 2-3 所示。

图 2-1

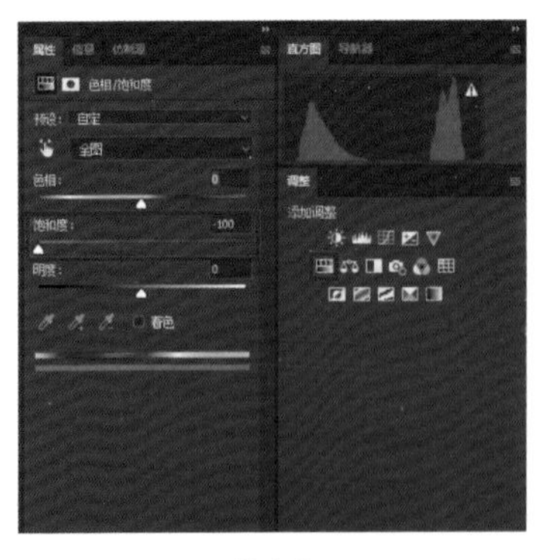

图 2-2

图 2-3

第二种方法是单击菜单中的“图像”，选择“调整”，再选择“去色”，如图 2-4 所示，这样也可以将照片的颜色信息去除，效果如图 2-5 所示。用这两种方法制作出来的效果是一样的，保留的细节也是最多的，但这不是最理想的效果，因为照片中该亮的地方没有亮，该暗的地方没有暗，天空中云朵的层次感也没有体现出来。用这两种方法制作的黑白效果都不如用黑白蒙版调整图层制作的黑白效果好。

图 2-4

图 2-5

颜色滑块的使用

下面讲解黑白蒙版调整图层的用法。我们单击“黑白”，新建黑白蒙版调整图层，黑白“属性”面板中有各个颜色的滑块，我们可以通过调节滑块改变不同颜色通道的明度。将各颜色滑块调整至图 2-6 所示的那样。这时照片就会变成黑白的，如图 2-7 所示。

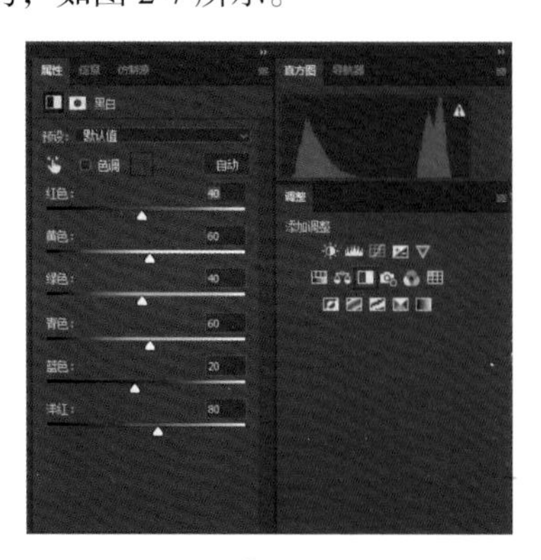

图 2-6

图 2-7

我们来调整黑白照片的影调。先把山体压暗，山体的部分由红色控制，所以我们减少“红色”值。光照的部分由黄色控制，所以我们增加“黄色”值。青色和蓝色控制天空的部分，所以我们减少“青色”和“蓝色”值，这时云朵的细节就体现出来了，如图 2-8 所示，调整的参数如图 2-9 所示。

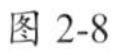

图 2-8

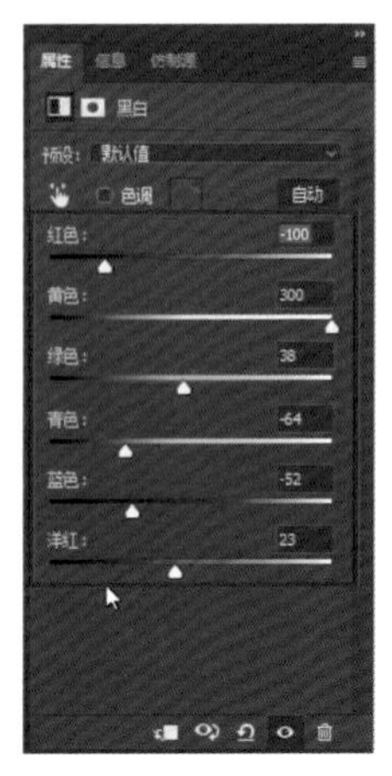

图 2-9

将颜色滑块往左滑就会降低照片中相应颜色的明度，如图 2-10 所示；往右滑就会提高照片中相应颜色的明度，如图 2-11 所示。我们使用这些滑块可以使亮的地方更亮，暗的地方更暗，从而对黑白照片整体或局部的影调进行调整，以得到我们最终想要呈现的效果。需要注意的是，我们在调整照片时要适度，不要让照片效果不自然，如图 2-12 所示。

图 2-10

图 2-11

图 2-12

选择色调

我们勾选“色调”左侧的复选框，可以将黑白作品转为单色照片，如图 2-13 所示，勾选了该复选框之后，我们还可以通过拾色器调节照片的颜色，如图 2-14 所示。以上就是黑白蒙版调整图层的使用方法。

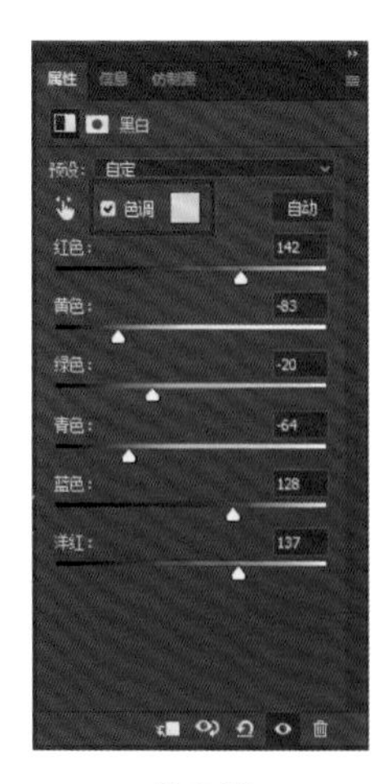

图 2-13

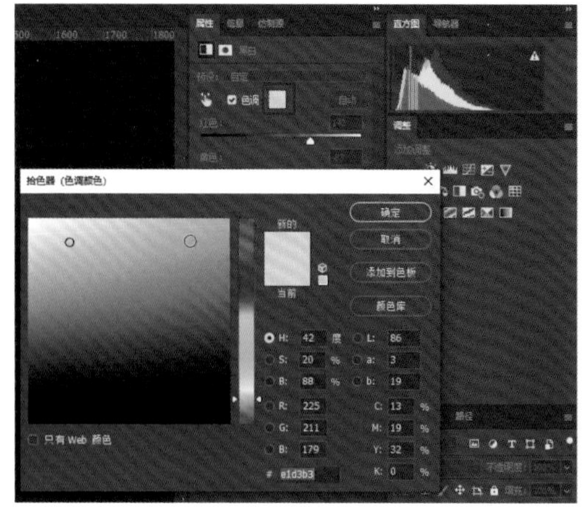

图 2-14

2.2 可选颜色蒙版调整图层

可选颜色蒙版调整图层的功能

我们将照片导入 Photoshop，如图 2-15 所示。单击“可选颜色”，新建可选颜色蒙版调整图层，在可选颜色“属性”面板中我们可以看到“预设”中有“默认值”和“自定”两个选项，如图 2-16 所示。单击右上方的按钮选择“载入可选颜色预设”可以载入以前制作的预设，如图 2-17 所示。但我们一般不会选择这个选项，因为每一张照片都是不一样的，所以我们要手动调整。

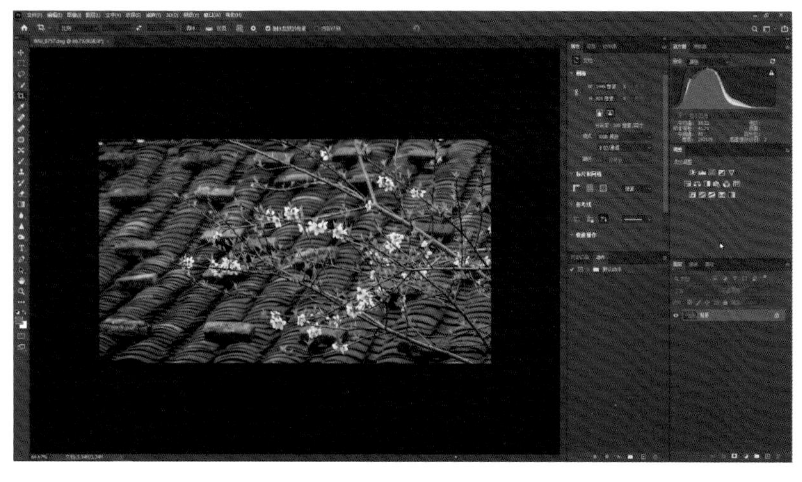

图 2-15

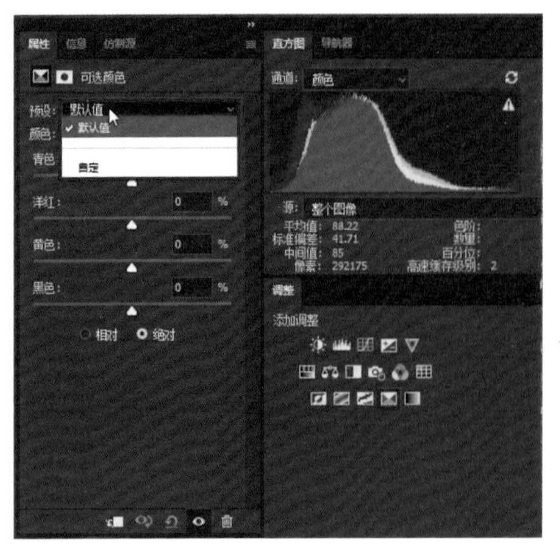

图 2-16

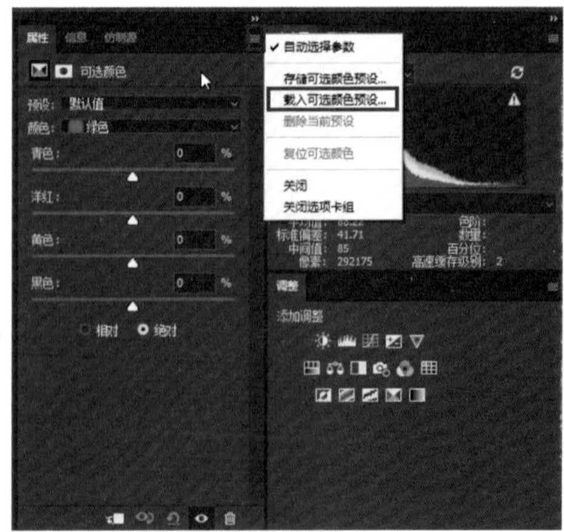

图 2-17

我们在“颜色”下拉列表中还可以选择不同的颜色，如图 2-18 所示。我们选中某种颜色之后，可以针对这种颜色调整青色、洋红、黄色和黑色参数。调整黑色参数可以改变这种颜色的明度，减少黑色参数会使这种颜色变亮，增加黑色参数会使这种颜色变暗，如图 2-19 所示。如果将“颜色”选择“黄色”，然后将下方的“青色”滑块向左拖动减少青色参数，画面中的叶子就会明显变黄，如图 2-20 所示。在滑块下方，“相对”单选框可以在保持照片原有色调关系的同时进行整体的颜色调整，而“绝对”单选框则适用于需要准确控制颜色调整的情况。以上就是可选颜色蒙版调整图层的使用方法。

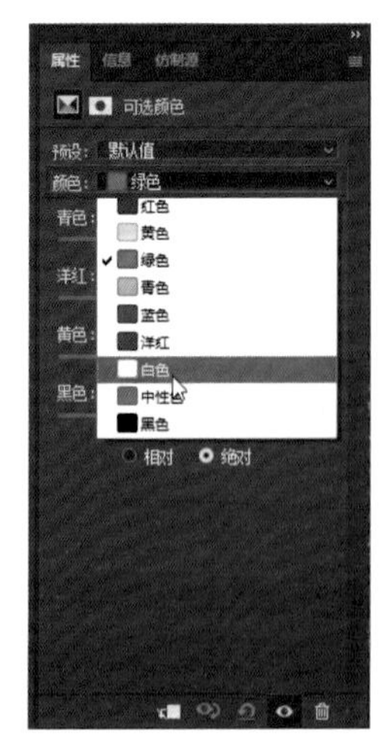

图 2-18

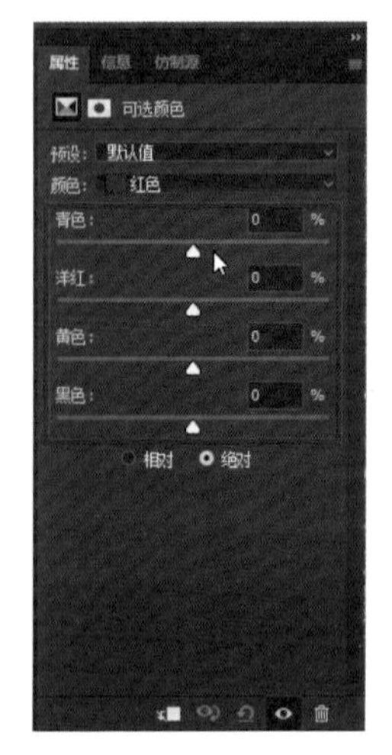

图 2-19

具体案例演示

下面通过具体案例进行演示。我们单击“可选颜色”，新建可选颜色蒙版调整图层，如图 2-21 所示。然后我们将混合模式更改为“正片叠底”，如图 2-22 所示，可以使画面变得更暗一些。如果觉得画面太暗了，可以降低“不透明度”值，如图 2-23 所示。

图 2-20

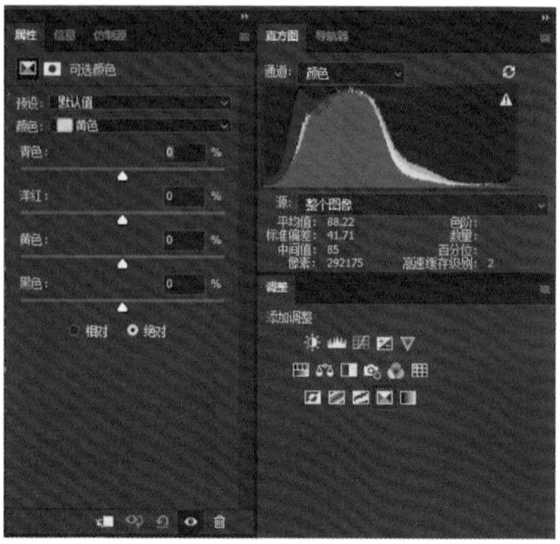

图 2-21

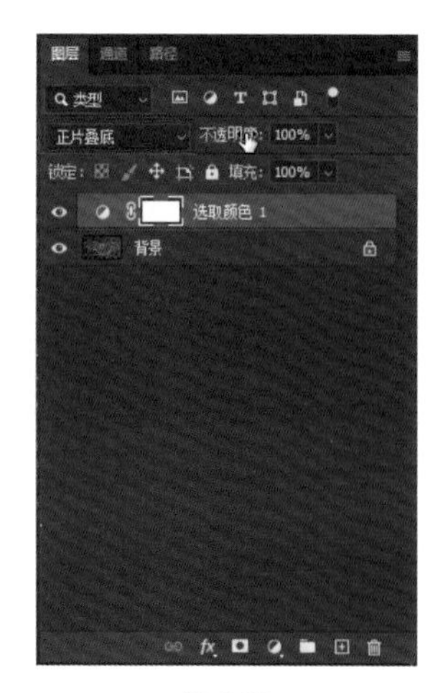

图 2-22

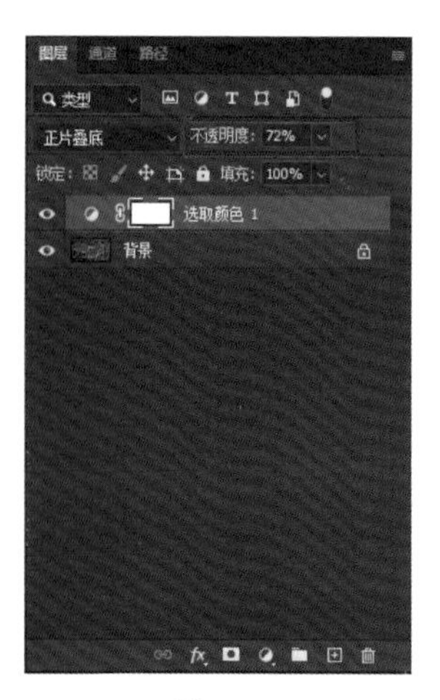

图 2-23

然后我们在这个基础上对照片进行颜色上的调整。首先把砖瓦的颜色调整为冷色调，去衬托花和叶子的色调，营造一种冷暖对比的感觉。我们选择“中性色”，减少“黄色”参数，增加“洋红”和“青色”参数，如图 2-24 所示，这样冷色调就附着上去了，如图 2-25 所示。由于调整中性色的时候影响到了画面中的其他部分，所以我们选择“黄色”，减一点“洋红”参数，加一点“青色”和“黄色”参数。如果想让叶子更亮，可以适当减少黑色参数，如图 2-26 所示。

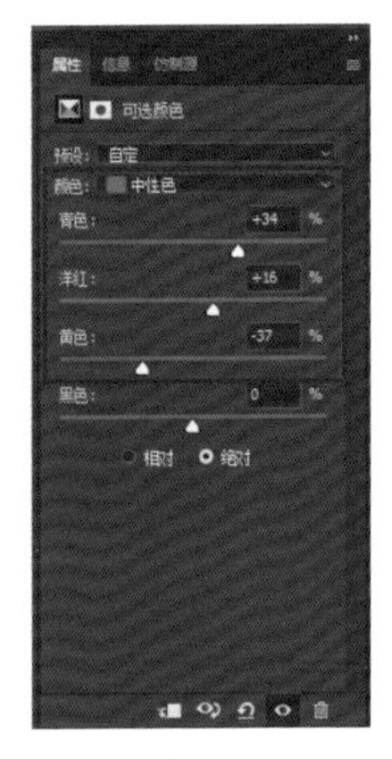

图 2-24

图 2-25

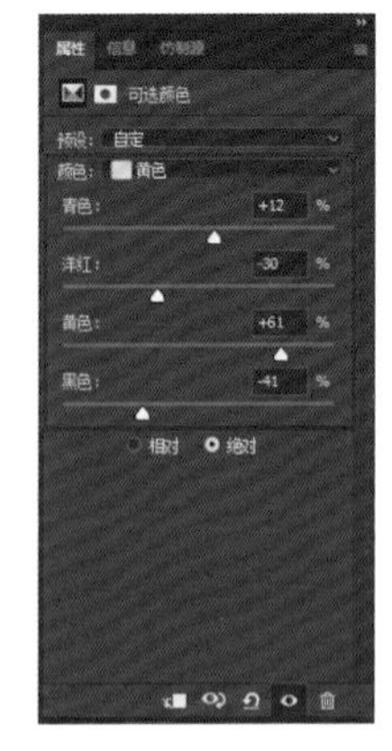

图 2-26

然后我们再来调整花的颜色。我们选择“白色”，增加一些“洋红”参数，减去一些“青色”参数，然后再减去一些“黄色”参数，如图 2-27 所示。选择“红色”，增加一些“洋红”参数，减去一些“青色”参数，加一些“黄色”参数，如图 2-28 所示。然后选择“洋红”进行调整，如图 2-29 所示。

图 2-27

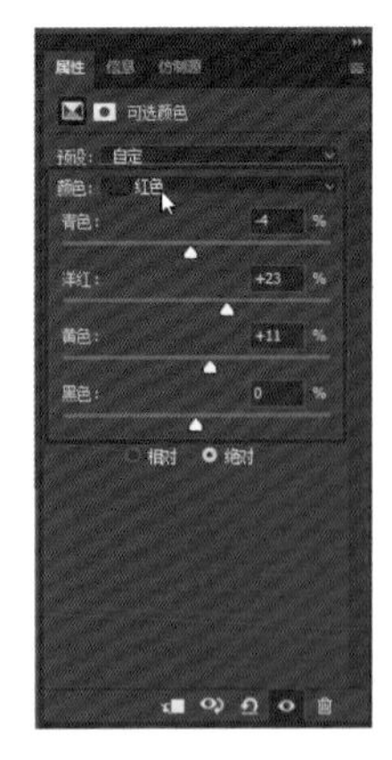

图 2-28

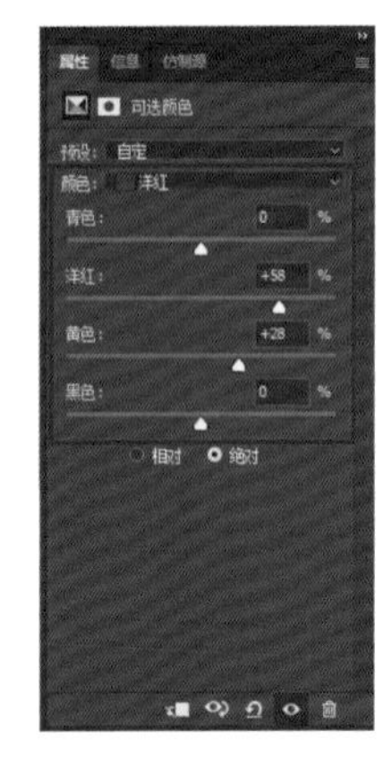

图 2-29

此时我们会发现照片整体偏冷了些，如图 2-30 所示。我们再对“中性色”进行调整，把“洋红”的参数值稍微降低一些，然后增加“黑色”参数来降低砖瓦的亮度以突出花，如图 2-31 所示。这样一张冷暖对比的照片就制作完成了，如图 2-32 所示。

图 2-30

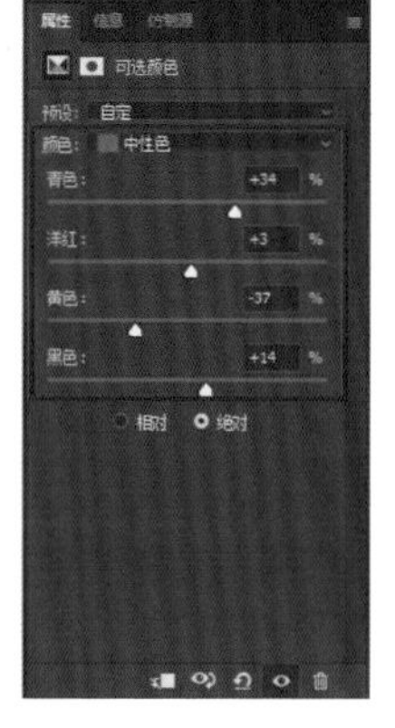

图 2-31

图 2-32

2.3 渐变映射蒙版调整图层

渐变的选择

我们单击“渐变映射”，新建渐变映射蒙版调整图层，如图 2-33 所示。我们可以在“渐变编辑器”中选择不同的渐变，如图 2-34 所示。“渐变编辑器”下方有色标，最暗的地方是黑色，最亮的地方是白色，它从左到右呈渐变效果，如图 2-35 所示。

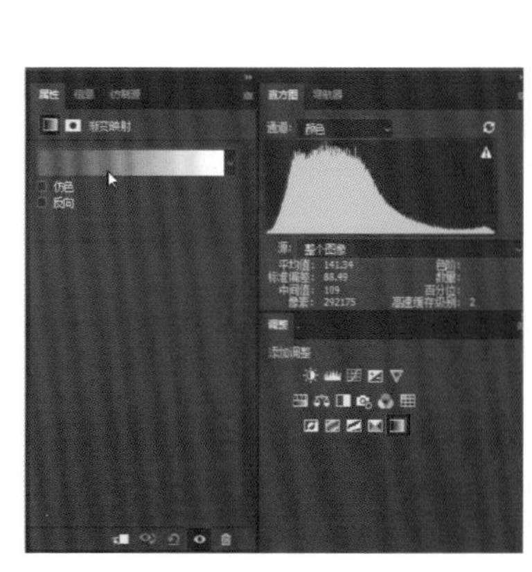

图 2-33

图 2-34

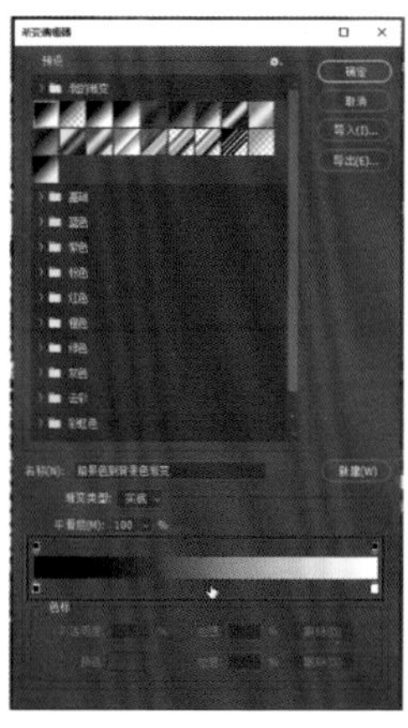

图 2-35

渐变的效果

使用下方的颜色选项将颜色设为红色，就会发现从最暗的地方到最亮的地方是以红色过渡的，如图 2-36 所示，此时画面整体偏红，如图 2-37 所示。一般来讲，我们可以用渐变映射蒙版调整图层调整画面的影调，具体方法为选择从黑到白的渐变，然后更改混合模式为“柔光”或者“叠加”，让画面更通透，并且有效去除画面中的灰色。以上就是渐变映射蒙版调整图层的使用方法。

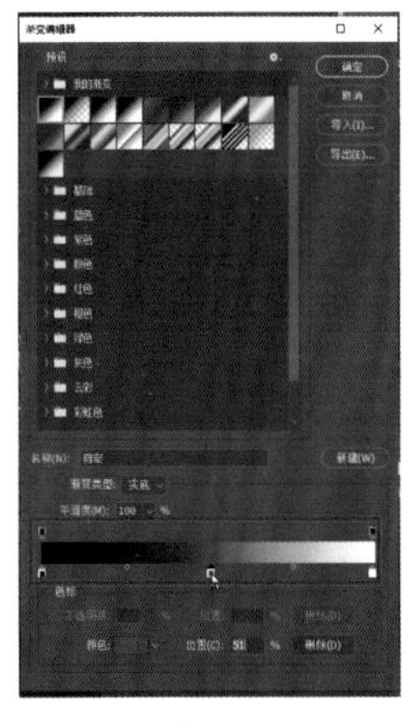

图 2-36

图 2-37

2.4 曲线蒙版调整图层

曲线的原理

我们使用一张从黑到白的渐变照片作为素材，如图 2-38 所示。然后单击“曲线”，新建曲线蒙版调整图层，可以看到曲线“属性”面板中有一条斜线，我们可以通过在其上添加锚点调整曲线，如图 2-39 所示。

图 2-38

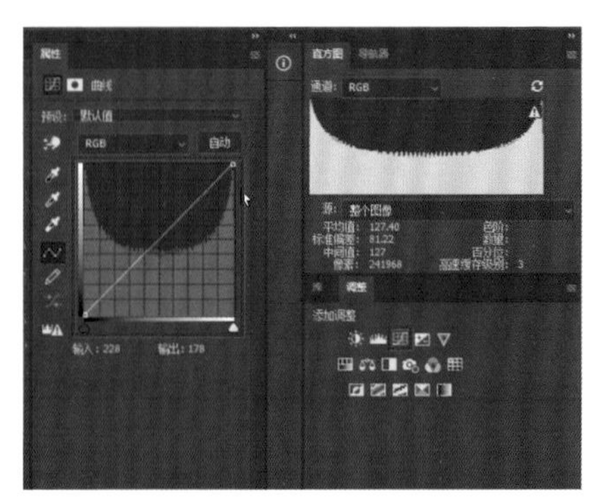

图 2-39

简单来说，我们将曲线往上调，画面就会变亮，如图 2-40 所示；将曲线往下调，画面就会变暗，如图 2-41 所示。那么这是什么原理呢？调节曲线最左侧的点可以调整画面的暗部，调节曲线最右侧的点可以调整画面的亮部，调节曲线中间的点可以调整画面的中间调，如图 2-42 所示。

图 2-40

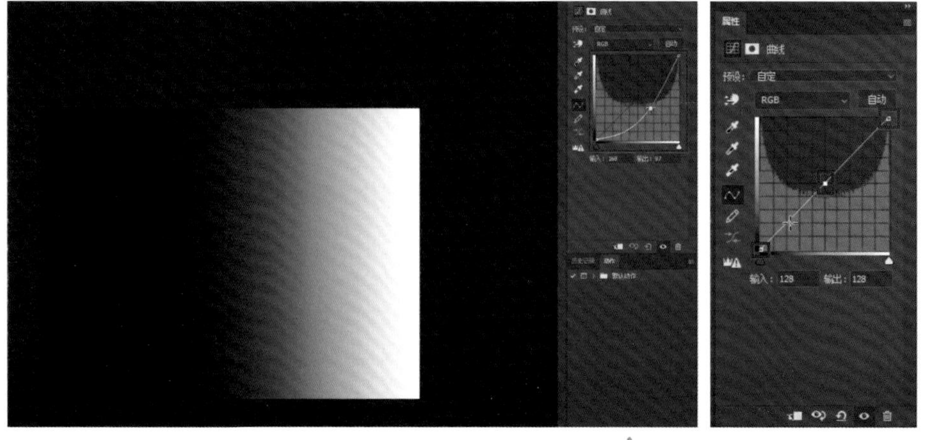

图 2-41　　　　图 2-42

我们调整暗部的曲线，如图 2-43 所示，这条曲线能让影调过渡得更为自然。我们往上提曲线，暗部就会变亮，如图 2-44 所示；往下压曲线，暗部就会变暗，如图 2-45 所示。

图 2-43　　　　图 2-44

图 2-45

曲线的输入值和输出值

接下来讲解曲线的“输入”值和“输出”值。横轴上的值是“输入”值，如图 2-46 所示；纵轴上的值是“输出”值，如图 2-47 所示。如果我们把暗部的“输出”值改为 26，那么照片中 0~26 的像素都会被完全清除，如图 2-48 所示。

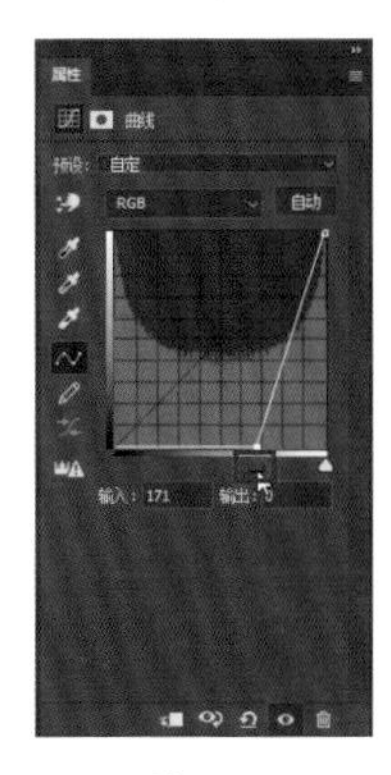

图 2-46

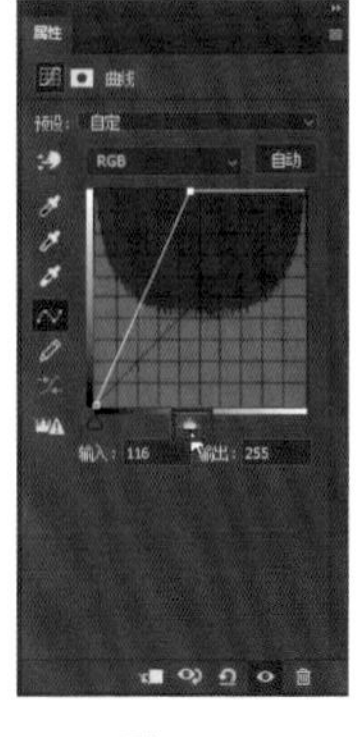

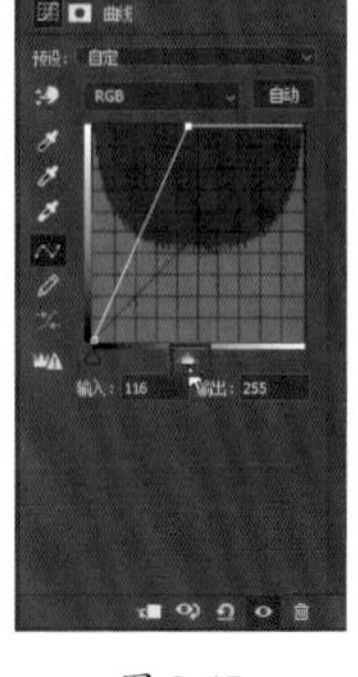

图 2-47

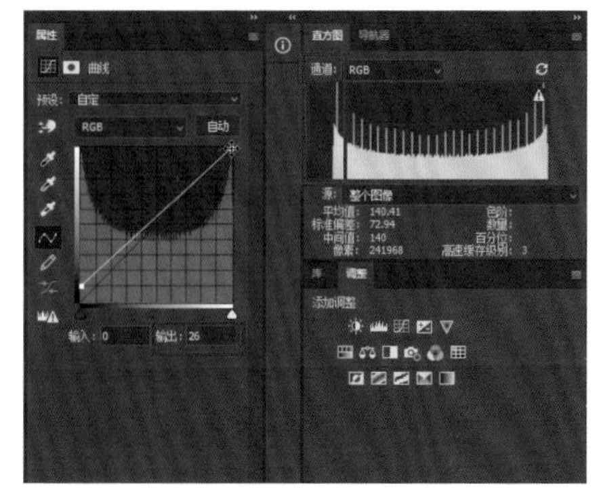

图 2-48

如果我们把亮部的“输出”值从 255 改成 220，那么照片中 220~225 的像素也会被完全清除，如图 2-49 所示。

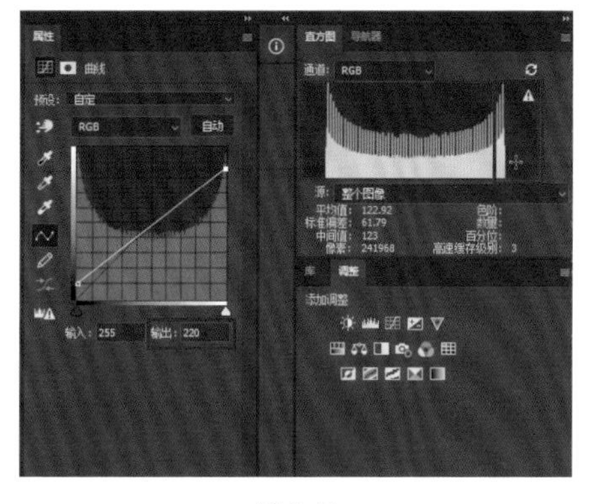

图 2-49

具体案例演示

下面通过具体案例进行演示。照片的前后对比效果如图 2-50 和图 2-51 所示。

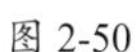

图 2-50

图 2-51

我们单击“曲线”，新建一个曲线蒙版调整图层，如图 2-52 所示。我们可以看到直方图的右边大部分都是没有细节的，如图 2-53 所示，那么应该如何调整呢？我们要重新定义画面的白场，先要对曲线的“输入”值进行调整，如图 2-54 所示。

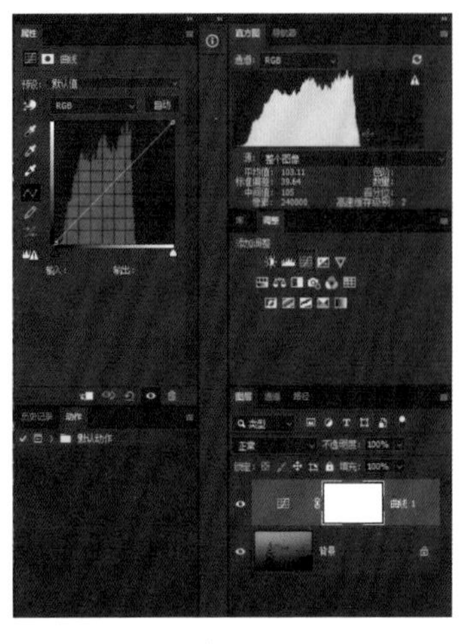

图 2-52

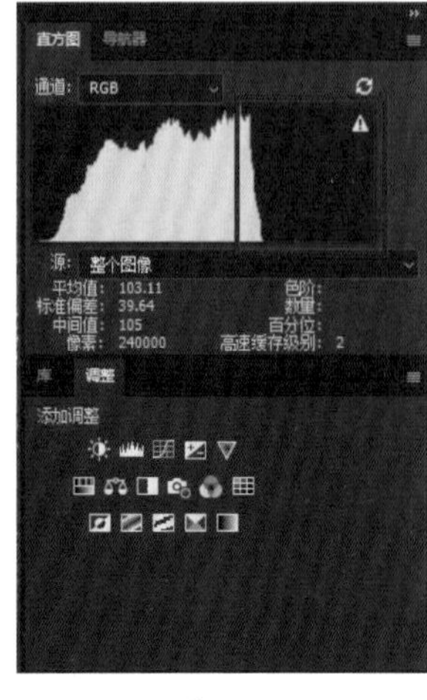

图 2-53

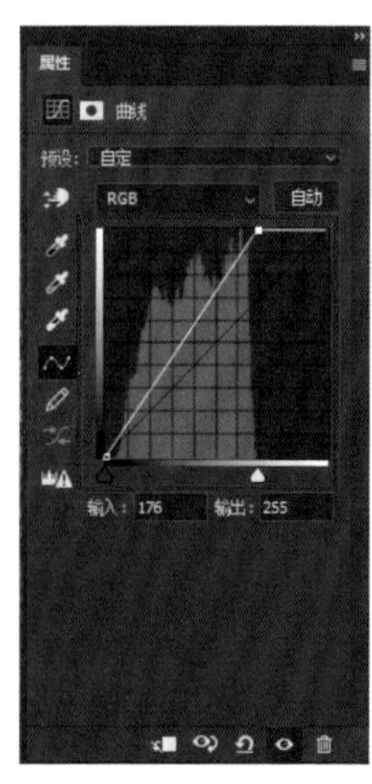

图 2-54

这时整个画面看起来就会比较亮，如图 2-55 所示。然后我们对暗部的“输入”值也进行调整，将其调整为 10，如图 2-56 所示。通过直方图我们可以发现，左右两边的细节都被补上了，这样照片看起来就会显得通透很多，如图 2-57 所示。

图 2-55

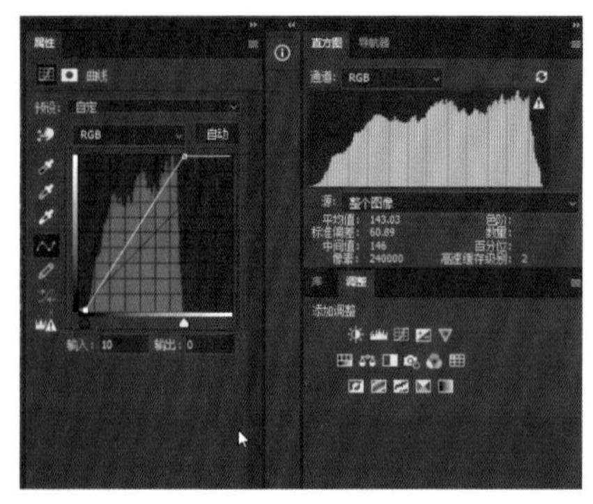

图 2-56

我们还可以对曲线进行调整，让亮的地方更亮一点，让暗的地方更暗一点，提高明暗对比度，如图 2-58 所示。

图 2-57

图 2-58

然后我们对天空进行冷色调的渲染。首先选择“蓝”通道，调整曲线，如图 2-59 所示；然后切换到“绿”通道，对最高光“输出”值进行降低，如图 2-60 所示，增加一些洋红；然后再对“红”通道的曲线进行调整，并对红色的“输出”值也进行更改，如图 2-61 所示，让画面达到一种冷色调的效果。我们通过曲线蒙版调整图层就能对照片的影调进行大致的调整。

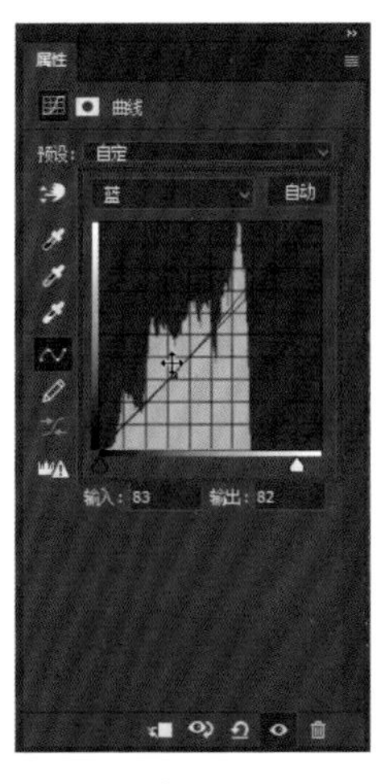

图 2-59

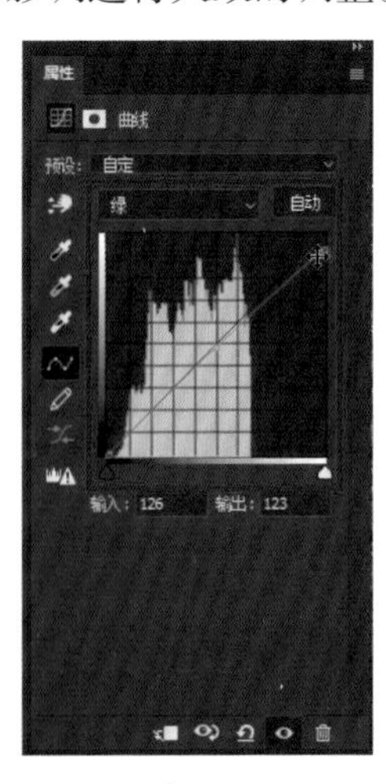

图 2-60

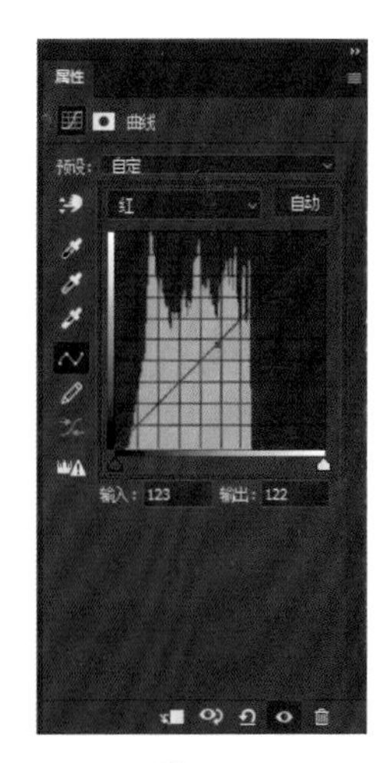

图 2-61

我们如果想调整某一块区域，可以先新建一个曲线蒙版调整图层，选择目标选取工具，如图 2-62 所示。然后选择画面中想调整的部分，按住鼠标左键往上拖动就可以进行提亮，如图 2-63 所示，按住鼠标左键往下拖动就可以进行压暗。

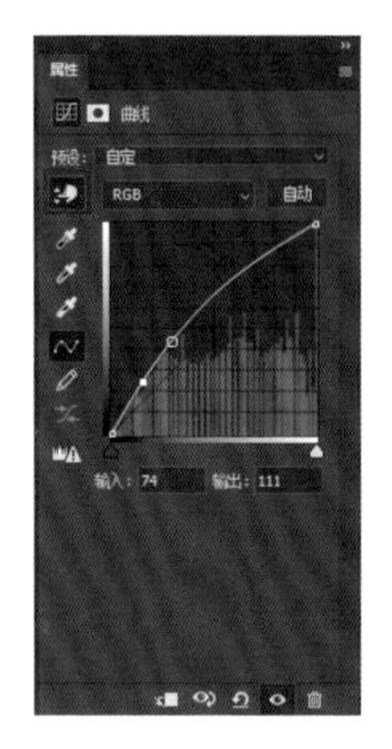

图 2-62

图 2-63

图 2-64

如果对画面的亮度调整效果不满意，我们可以单击“蒙版”，再单击“反相”，如图 2-64 所示。使用“渐变工具”，选择“径向渐变”，将前景色设为白色，如图 2-65 所示。在“渐变编辑器”中选择“前景色到透明渐变”，如图 2-66 所示，就可以达到对区域进行提亮的目的。以上就是曲线蒙版调整图层的使用方法。

图 2-65

图 2-66

2.5 色彩平衡蒙版调整图层

我们将照片导入 Photoshop，如图 2-67 所示。我们单击“色彩平衡”，新建色彩平衡蒙版调整图层，如图 2-68 所示。色彩平衡“属性”面板中有“色调”选项，从中我们可以选择“阴影”“中间调”“高光”，并通过调节下面颜色的参数来改变它们的色调。另外，我们给照片创建了取样点，可以看到照片调整前后的数据，左边是照片调整之前的数据，右边是照片调整之后的数据，如图 2-69 所示。

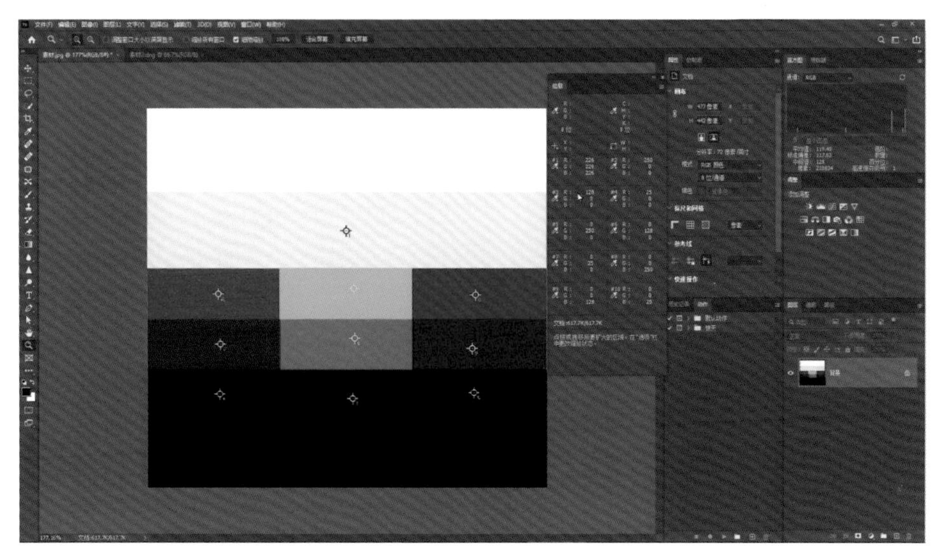

图 2-67

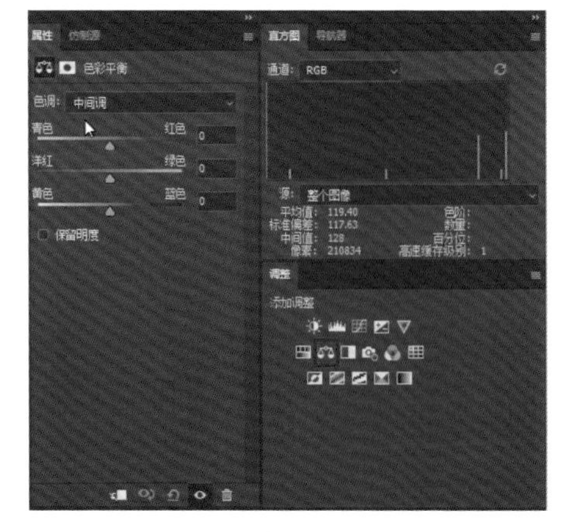

图 2-68

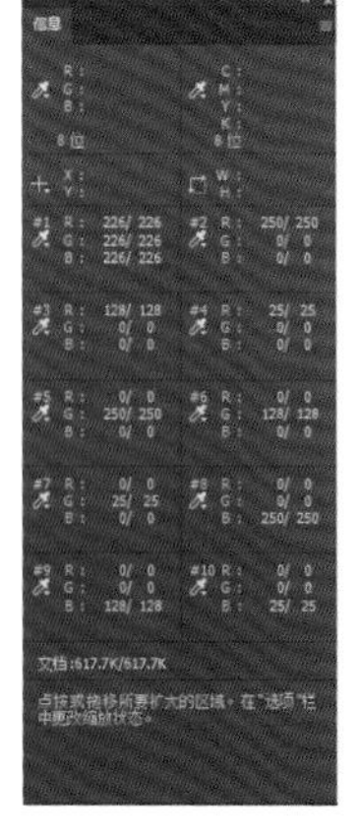

图 2-69

调整“中间调”中的色彩平衡

我们先来调整“中间调”中红色和青色的色彩平衡。增加红色，如图 2-70 所示，可以看到画面中的灰色通道受到了影响，如图 2-71 所示，白色通道没有受影响，数值还是 255，黑色通道也没有受影响。灰色通道的数值增加了，而且增加的只有 RGB 值中的 R，所以画面中的灰色变得有一点红。数值发生变化的还有所有的红色通道，如图 2-72 所示，而其他颜色通道是不受影响的。

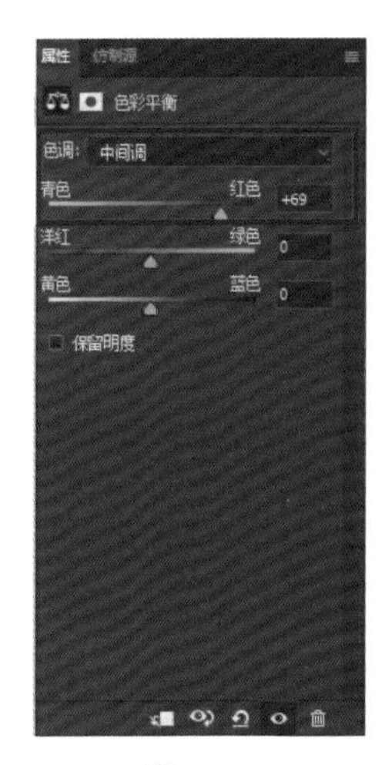

图 2-70

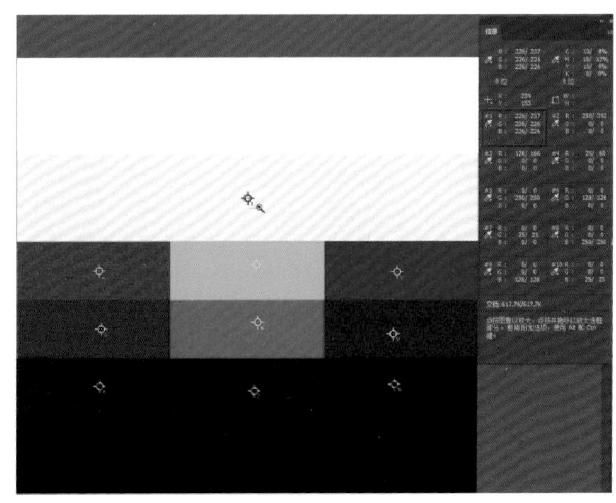

图 2-71

图 2-72

调整“高光”中的色彩平衡

我们再来调整“高光”中洋红和绿色的色彩平衡。减一点绿色，如图 2-73 所示，可以看到受到影响的也是灰色通道，还有所有的绿色通道，如图 2-74 所示。变化最大的是通道 6 的绿色，而通道 5 变化比较小，因为它的颜色已经过于饱和了。

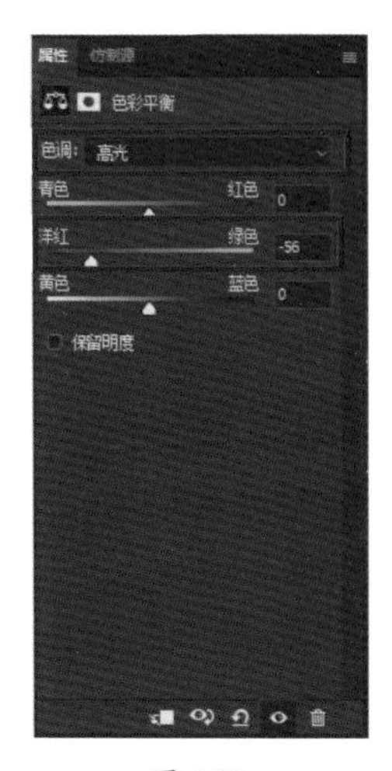

图 2-73

图 2-74

最后我们总结一下，色彩平衡蒙版调整图层可以用于控制影调的色彩偏向，然后针对阴影、高光和中间调调整色彩平衡，可以达到调色的目的。

2.6　色阶蒙版调整图层

我们将照片导入 Photoshop，如图 2-75 所示。我们单击“色阶”，新建色阶蒙版调整图层，如图 2-76 所示。在色阶“属性”面板中可以选择“RGB”“红”“绿”“蓝”这 4 种通道，单击旁边的“自动”按钮可以自动校正色阶。面板最中间有一个直方图，它和画面右上角的直方图是一模一样的，直方图上面有 3 个滑块，如图 2-77 所示，左边的滑块所在的点代表画面中的黑场，中间的滑块所在的点代表画面中的中间调，右边的滑块所在的点代表画面中的白场。我们将左边的滑块向右滑动，照片中黑色的部分就会增加。最下面的“输出色阶”参数可以控制图像的输出范围。

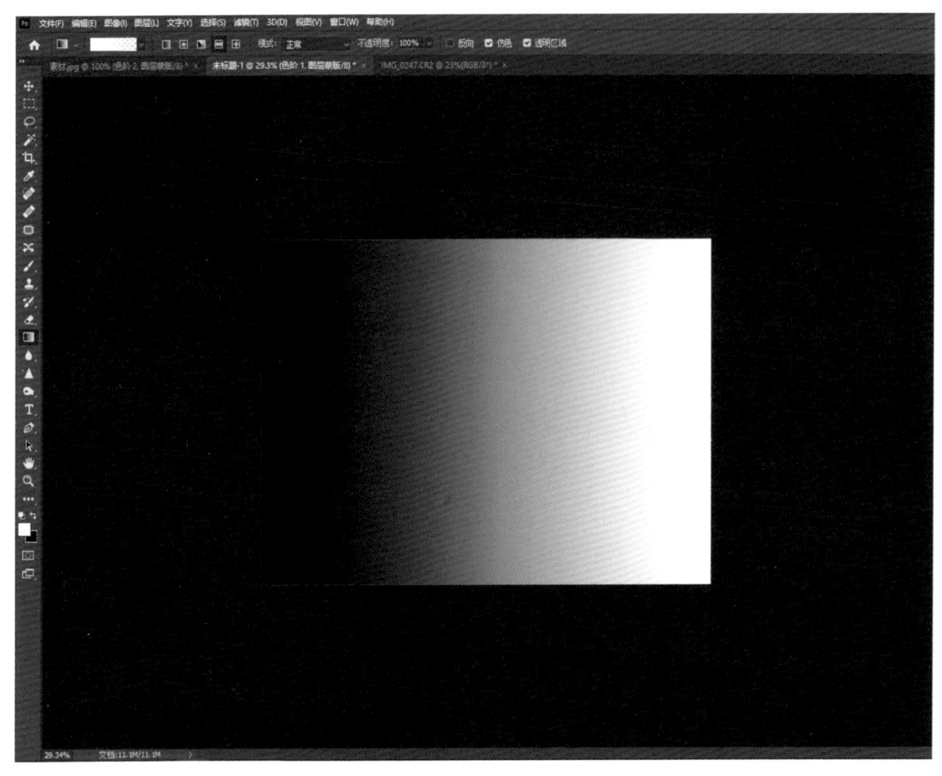

图 2-75

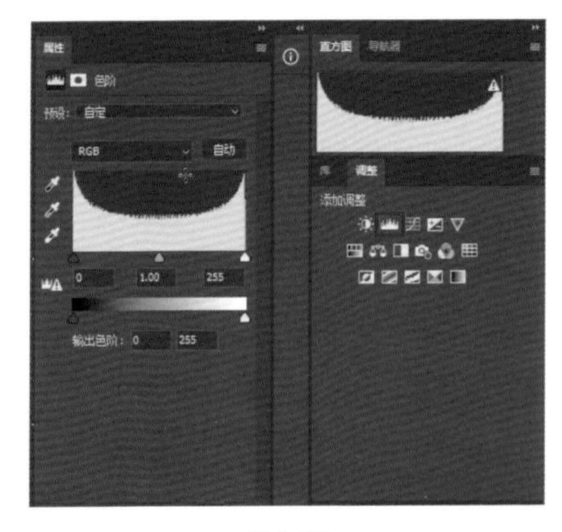

图 2-76

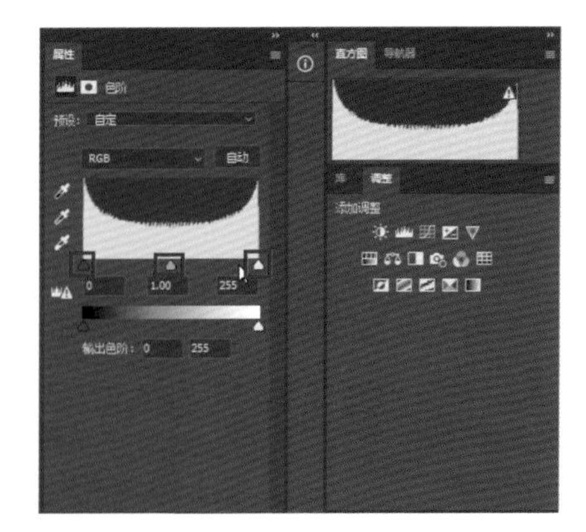

图 2-77

图像变化的原理

照片中黑色的部分会增加是什么原理呢？如果我们把左边的滑块往右边滑，其实是将直方图进行了压缩，也就是把中间调的部分往黑场的地方压缩，这会导致照片的细节丢失，并且画面中黑色的部分会特别多，如图 2-78 所示。下面我们再来调节一下白场。将右边的滑块往左边滑，我们会发现画面越来越亮，白色的地方向黑色的地方侵蚀，如图 2-79 所示。也就是说画面中的中间调向白场的地方压缩了，这样调整出来的照片容易过曝，也会使细节有所丢失。只有在一些特殊情况下，我们才会去调节黑场跟白场。

图 2-78

图 2-79

下面我们调节中间调。我们把中间的滑块往左滑，左边灰色的地方就多了，如图 2-80 所示；往右滑，黑白更加分明，但是灰色少了，如图 2-81 所示。其实就是将中间的滑块往左滑，更多的细节会偏灰色；如果往右滑，更多的细节会偏黑白。也就是说，我们可以通过调节中间的滑块去控制照片的对比度。

图 2-80

图 2-81

调节输出色阶参数

下面我们调节“输出色阶”参数。把输出色阶左边的黑色滑块往右边滑到 20 的位置，如图 2-82 所示，这时我们单击直方图右上方的按钮，选择“扩展视图”，如图 2-83 所示，然后选择“明度”通道，如图 2-84 所示，我们会发现照片被限定成从 20 的亮度开始才有细节，20 以前的细节全部被去除了。

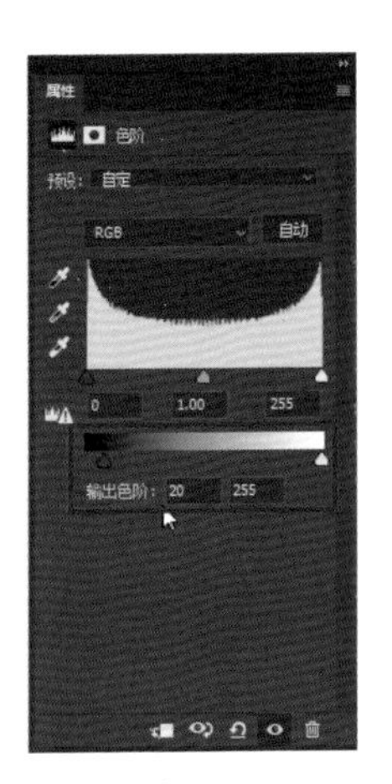

图 2-82

图 2-83

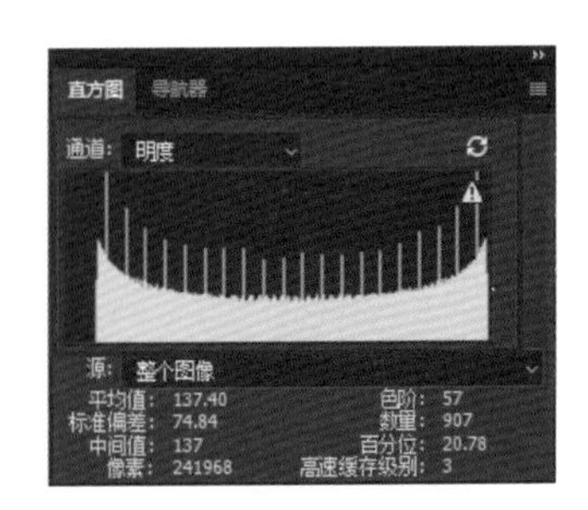

图 2-84

把白色的滑块往左边滑，此时色阶就是 20~227，如图 2-85 所示。我们通过直方图可以看到，227~255 的高光细节全部被抹除了，这会导致一张照片没有最亮部也没有最暗部。因此我们可以用这种方法制作一种灰调的图像，但相对的也会损失一些细节。以上就是色阶蒙版调整图层的使用方法。

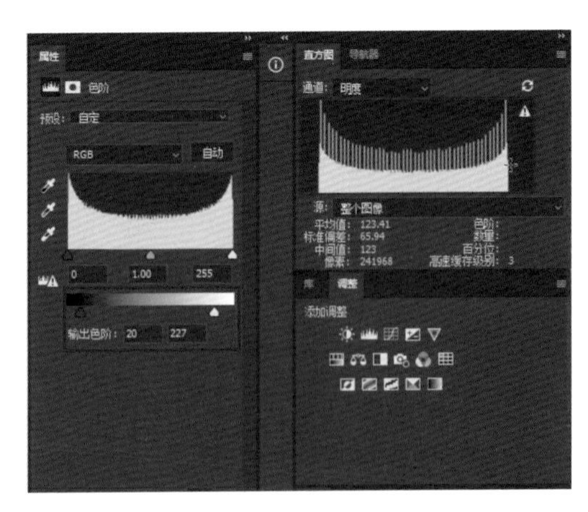

图 2-85

第 3 章　特殊蒙版调整图层的使用

本章讲解特殊蒙版调整图层的使用。特殊蒙版调整图层包含反相蒙版调整图层、色调分离蒙版调整图层、阈值蒙版调整图层、通道混合器蒙版调整图层、照片滤镜蒙版调整图层。下面分别讲解它们的功能及使用方法。

3.1　反相蒙版调整图层

反相的效果

我们将照片在 Photoshop 中打开，如图 3-1 所示。单击“反相”，如图 3-2 所示，这时整个照片的颜色就会被改变，整体会有一种底片的效果，如图 3-3 所示。

图 3-1

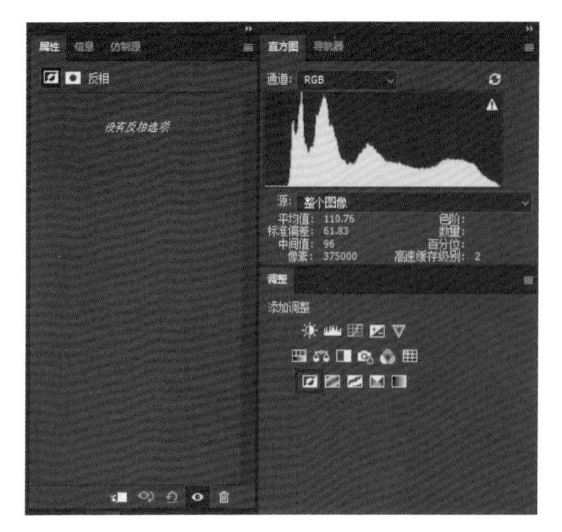

图 3-2

图 3-3

反相的原理

我们单击“曲线”，试着通过曲线将照片还原，如图 3-4 所示，照片就被还原了，如图 3-5 所示。这说明反相实际上就是把照片中的颜色反转成它的互补色，比如将蓝色反转成黄色、黄色反转成蓝色。

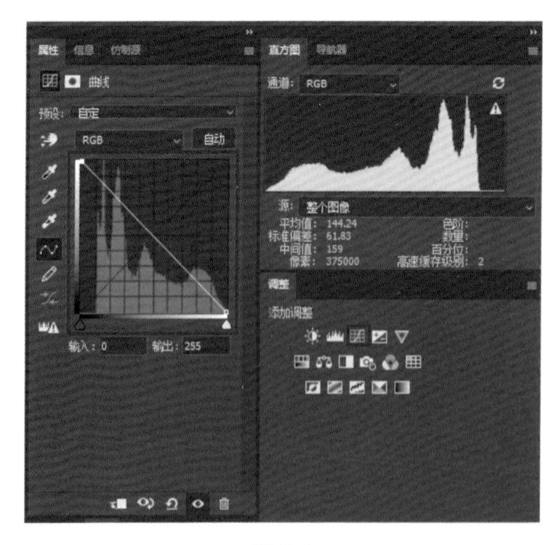

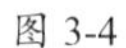

图 3-4

图 3-5

3.2　色调分离蒙版调整图层

色调分离的效果

我们将照片在 Photoshop 中打开，如图 3-6 所示。单击“色调分离”，如图 3-7 所示，照片中的颜色就会被分隔，如图 3-8 所示。我们可以通过滑动滑块来调整色阶参数，“色阶”参数用于调整图像或选定区域的色阶范围，以调整对比度和颜色平衡。

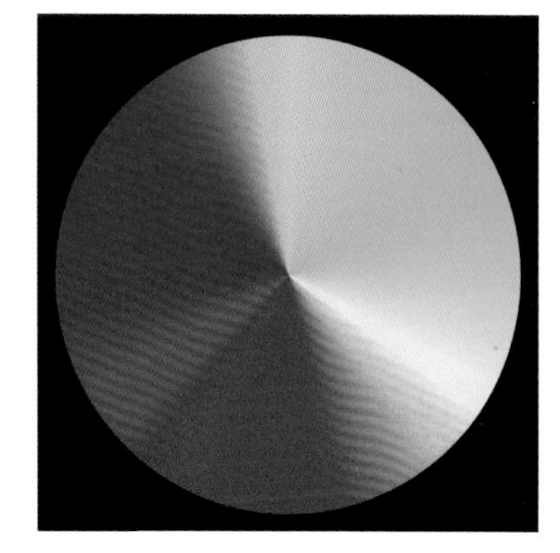

图 3-6

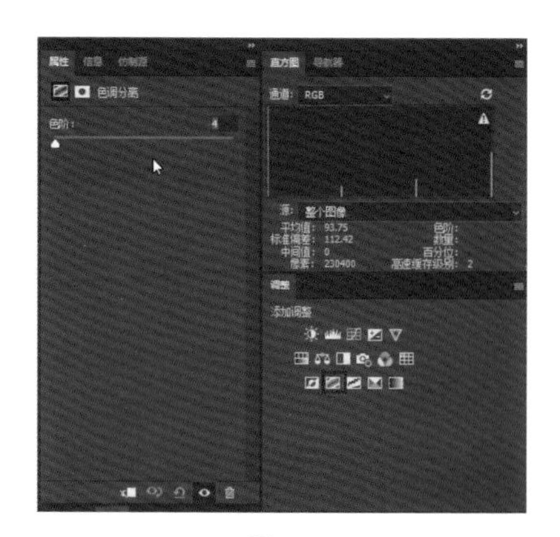

图 3-7

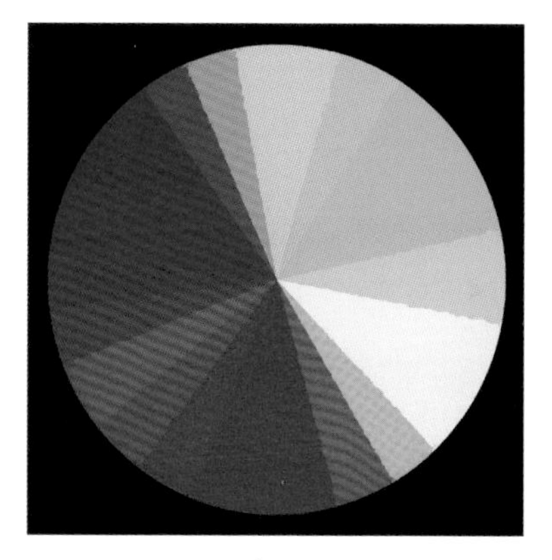

图 3-8

调节色阶参数

如果我们把“色阶”参数设置成 8，可以看到右边的直方图，如图 3-9 所示，所有的照片信息就会从这 8 个色阶中输出。我们可以在照片中看到明显的色块，如图 3-10 所示，这就是我们在 Photoshop 中制作天空时有可能会出现的色调分离，波纹效果就是这样产生的。

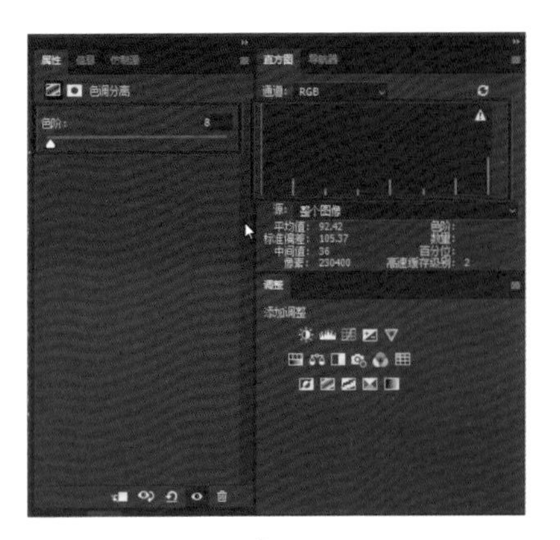

图 3-9

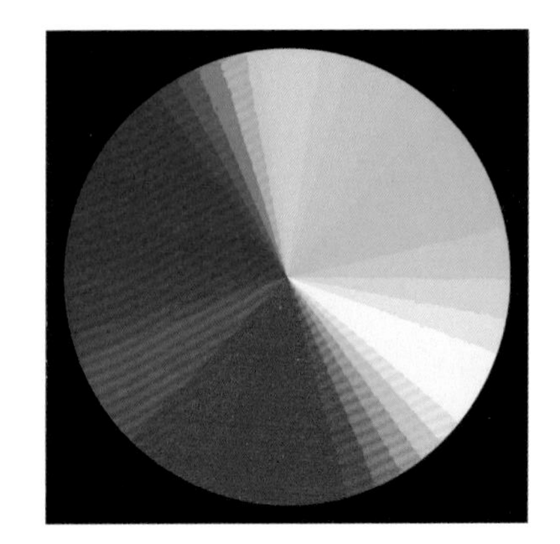

图 3-10

3.3 阈值蒙版调整图层

阈值的效果

下面讲解阈值蒙版调整图层。我们单击“阈值”，如图 3-11 所示，可以看到图中的圆变成了半圆，如图 3-12 所示。我们可以通过调整滑块调整“阈值色阶”参数，往右滑动滑块圆会逐渐变黑，往左滑动滑块圆会逐渐变白，如图 3-13 所示。

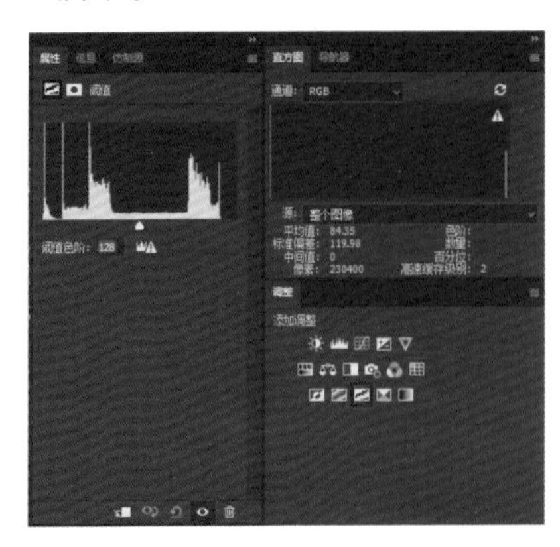

图 3-11

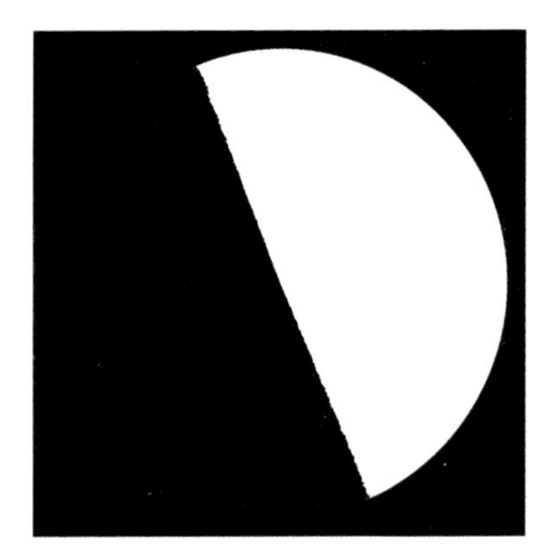

图 3-12

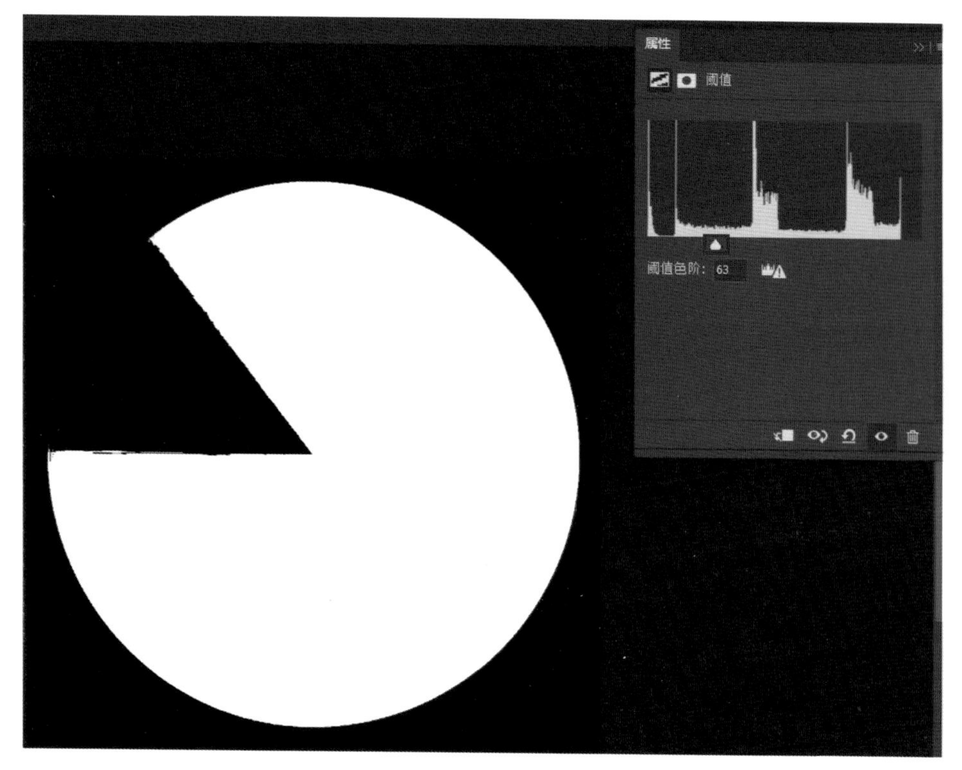

图 3-13

阈值的原理

我们在使用时阈值调整时可以将指定的某个色阶作为阈值，所有比设置的阈值亮的像素会转化为白色，所有比设置的阈值暗的像素会转化为黑色。比如我们设定阈值是 165，照片中比 165 亮度低的像素会转化为黑色，比 165 亮度高的像素会转化为白色，也就是使照片达到非黑即白的效果，这在抠图时能用到。

3.4 通道混和器蒙版调整图层

通道混和器的原理

下面通过色环图来讲解通道混和器的原理，如图 3-14 所示。我们单击“通道混和器”，新建通道混和器蒙版调整图层，如图 3-15 所示。通道混和器“属性”面板中有输出通道的选项，我们可以选择“红”“绿”“蓝”3 种通道，通过这 3 种通道，我们可以对整个照片或选定区域进行颜色校正、颜色调整和颜色平

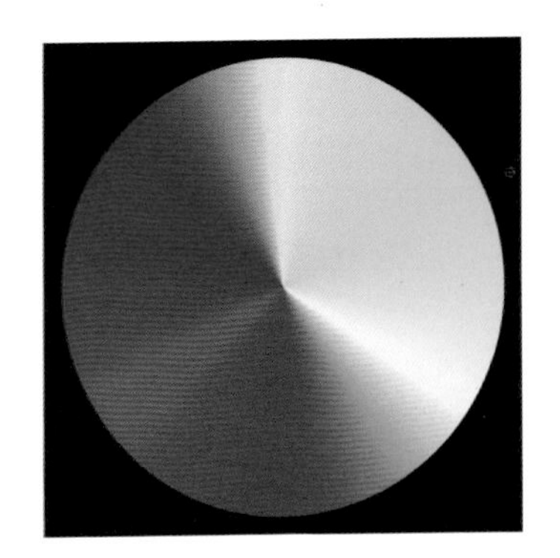

图 3-14

衡。我们单击“通道”，把“通道”面板打开，这时会有“RGB”“红”“绿”“蓝”4 个通道，如图 3-16 所示。

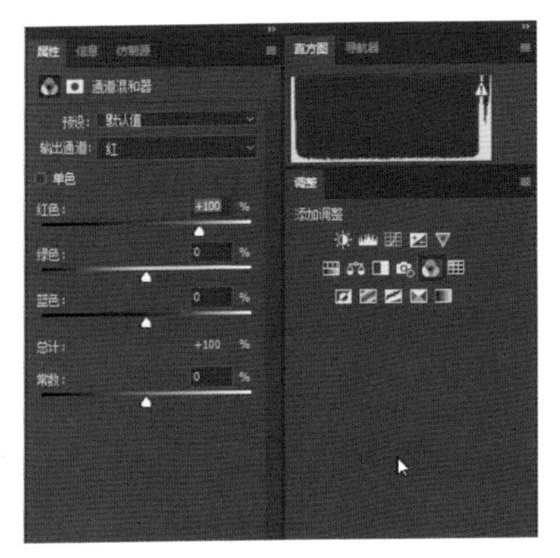

图 3-15

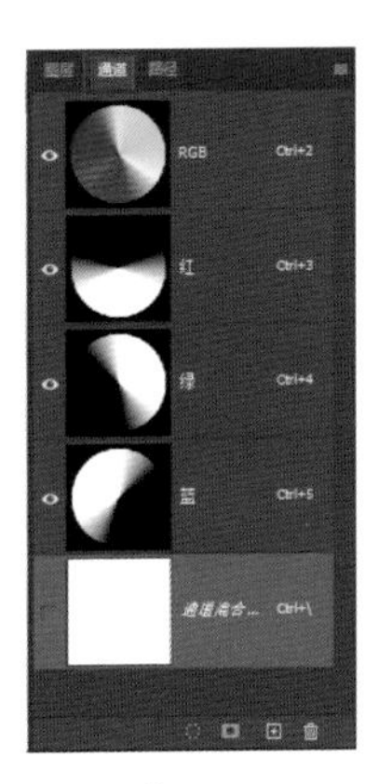

图 3-16

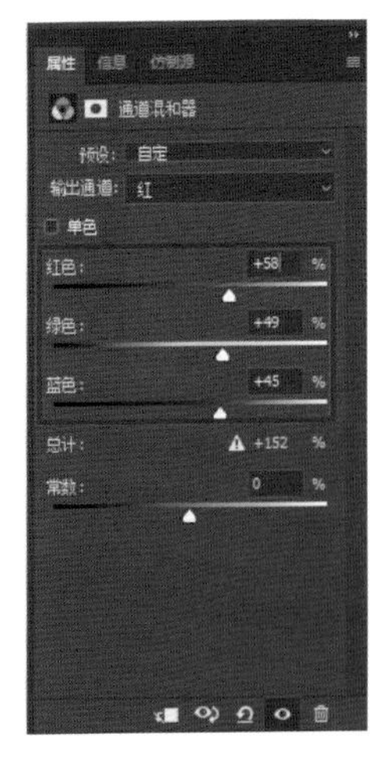

图 3-17

我们通过调整“红色”“绿色”“蓝色”的参数观察它们对红色的通道的影响，如图 3-17 所示。可以看到“红”通道的明度发生了改变，如图 3-18 所示。通道混和器混合出来的颜色也发生了改变，如图 3-19 所示，所以说它是通过改变通道的明度来达到调色效果的。即通道选择器影响的不是画面的颜色信息，而是通道中的明度信息。

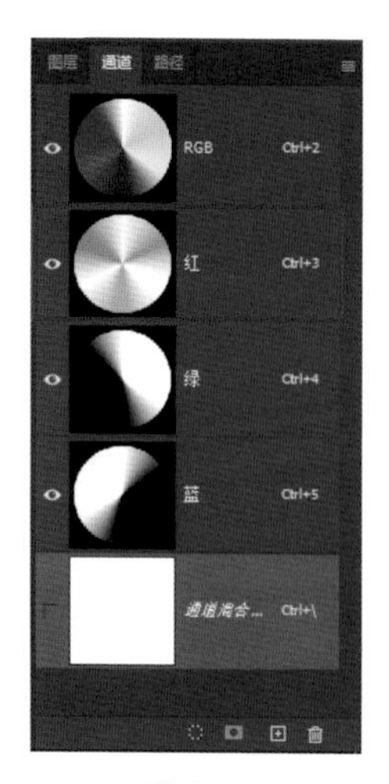

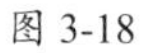
图 3-18

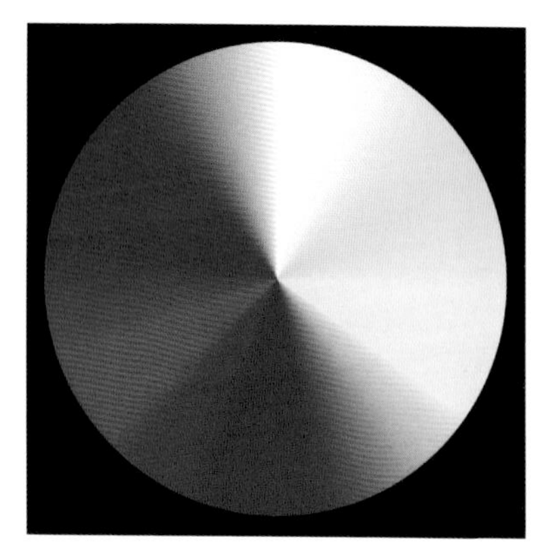

图 3-19

具体案例演示

下面通过案例进行讲解。我们将照片在 Photoshop 中打开，如图 3-20 所示。想要将图中草的颜色调整为绿色，首先要单击“通道混和器”，新建通道混和器蒙版调整图层，然后单击“通道”，查看不同通道中草的信息数量，如图 3-21 所示。因为选择“红”通道时画面最白，所以“红”通道中草的信息最多，如图 3-22 所示。

图 3-20

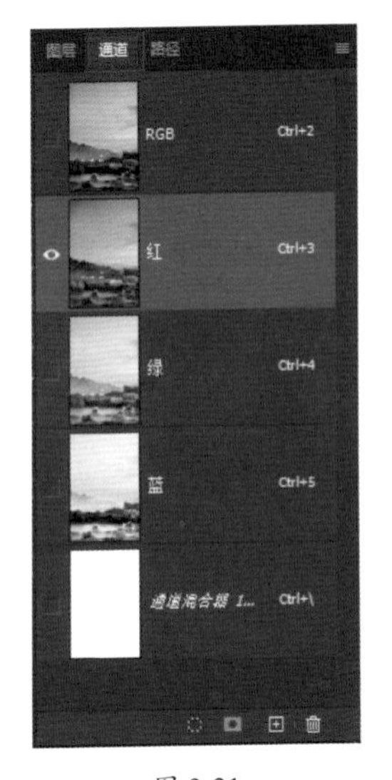

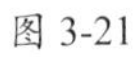

图 3-21

图 3-22

所以我们要调整草的颜色，可以根据“红”通道去调整。我们返回“RGB”通道，如图 3-23 所示，然后将“红色”的滑块往左边滑动，就能看到照片中的草变绿了，如图 3-24 所示。但是画面中的蓝色部分也受到了影响，所以我们再调整一下“蓝色”“绿色”的滑块，如图 3-25 所示，让草的颜色黄中带绿，这样照片就调整完了。以上就是通道混和器蒙版调整图层的使用方法。

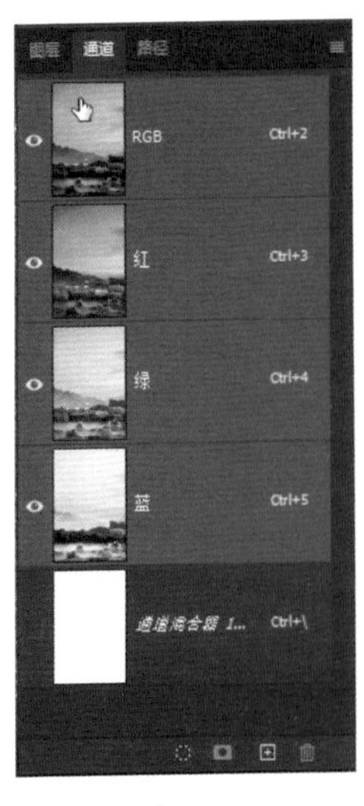

图 3-23

图 3-24

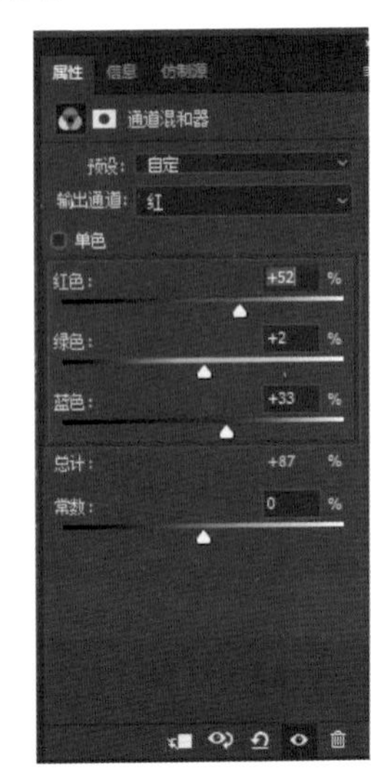

图 3-25

3.5　照片滤镜蒙版调整图层

照片滤镜

照片滤镜的效果类似于拍摄时在镜头前面加了一个色片，作用是给画面整体附上一个主观色调。单击“照片滤镜”，可以在“滤镜”下拉菜单中选择不同风格的滤镜。如果我们希望照片整体的色调会偏冷一点，就选择一个冷调的照片滤镜，如图 3-26 所示。如果希望照片暖一点，就选择一个暖调的照片滤镜，如图 3-27 所示。如果在“滤镜”中没找到合适的滤镜，可以单击“颜色”用拾色器选取合适的颜色，如图 3-28 所示。“颜色”下面的“密度”参数可以控制滤镜的强度或效果的透明度。

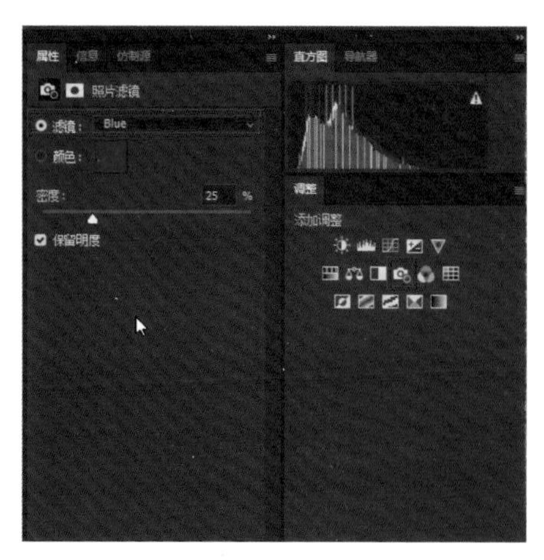

图 3-26

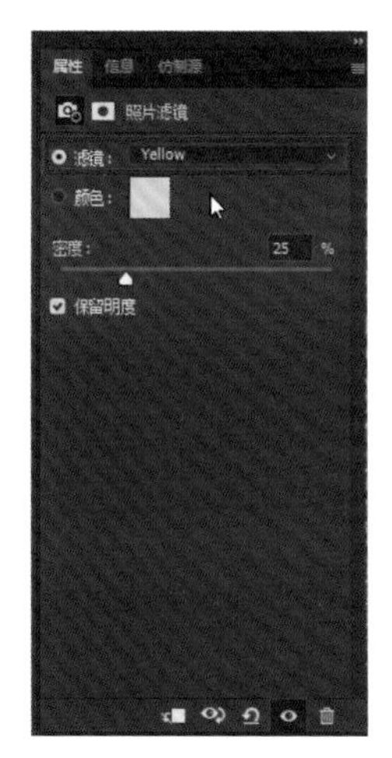

图 3-27

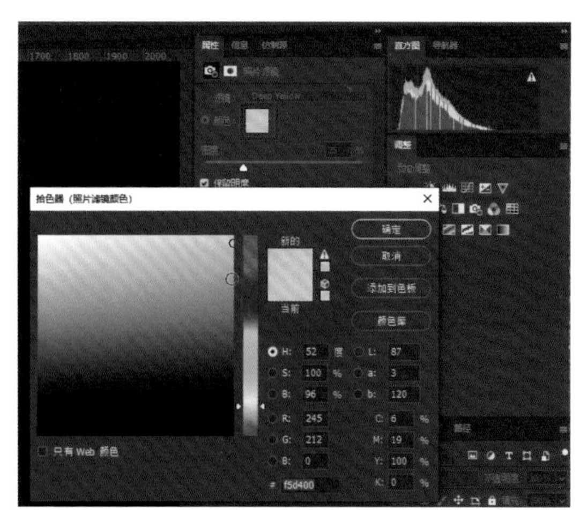

图 3-28

具体案例演示

下面通过案例进行演示。我们先将照片在 Photoshop 中打开，如图 3-29 所示。我们想要将照片制作成黄绿色的色调，单击“照片滤镜”，先选择一个黄色滤镜（Yellow），如图 3-30 所示。我们将密度调整为 100%，照片就会被完全附上黄色滤镜，如图 3-31 所示。

图 3-29

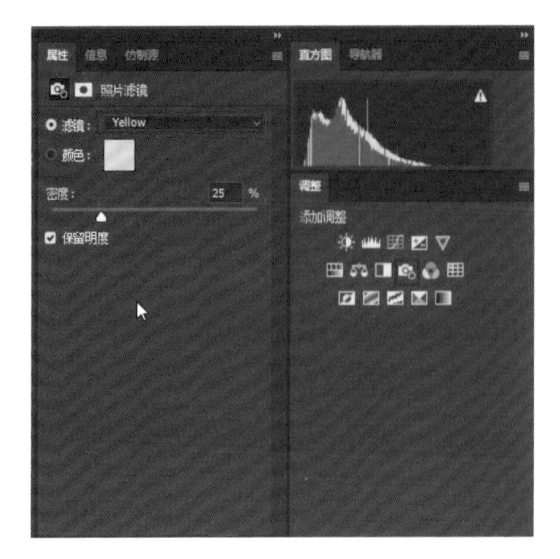

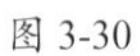

图 3-30

图 3-31

所以我们只需要将密度调整为 40% 就可以了，如图 3-32 所示。然后我们再单击“照片滤镜”，选择一个绿色滤镜（Green），再调整密度，如图 3-33 所示。最后通过控制这两个图层的不透明度，对照片整体的色调进行控制，如图 3-34 所示，这样照片就制作完成了。以上就是照片滤镜蒙版调整图层的使用方法。

图 3-32

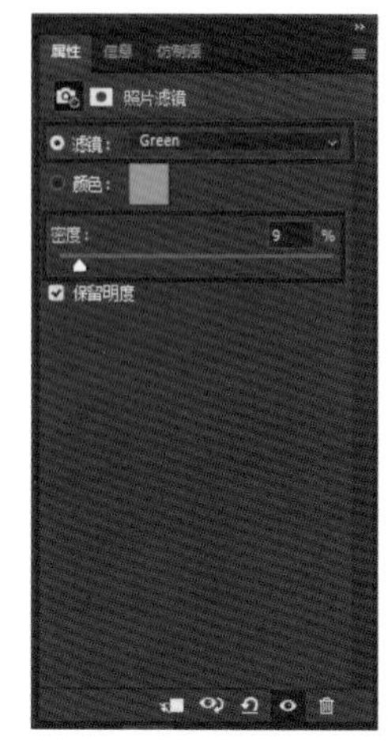

图 3-33

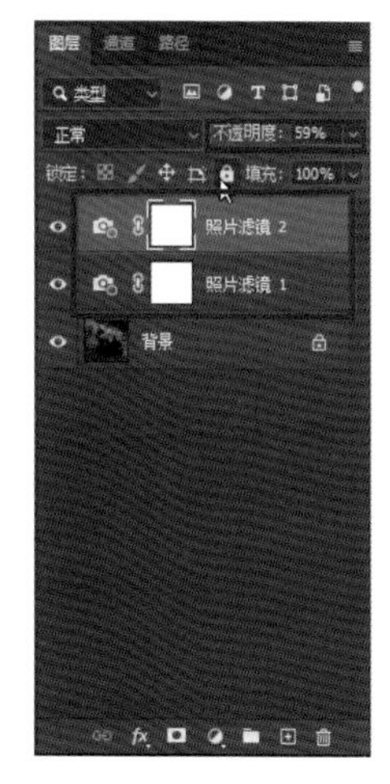

图 3-34

第 4 章　春绿罗平

本章讲解春绿罗平照片的制作方法。

4.1　照片分析

下面直接通过案例讲解春绿罗平的制作方法，照片制作前后的效果如图 4-1 和图 4-2 所示。我们先来观察照片，这张照片是在罗平的油菜花开放时拍摄的，但是由于当时并不是油菜花开得最旺的时候，导致油菜花的颜色不够突出，并且照片上只有少量的雾，整体氛围也不够强。所以我们针对这几个问题对照片进行处理。

图 4-1

图 4-2

4.2　二次构图

我们将照片在 Photoshop 中打开，如图 4-3 所示。首先对照片进行二次构图，去除天空中过多的留白。我们选择裁剪工具，选择“16∶9”，如图 4-4 所示，用长画幅的方式对这个比较有意境的画面进行构图，效果如图 4-5 所示。这样我们对照片的裁剪就完成了。

图 4-3

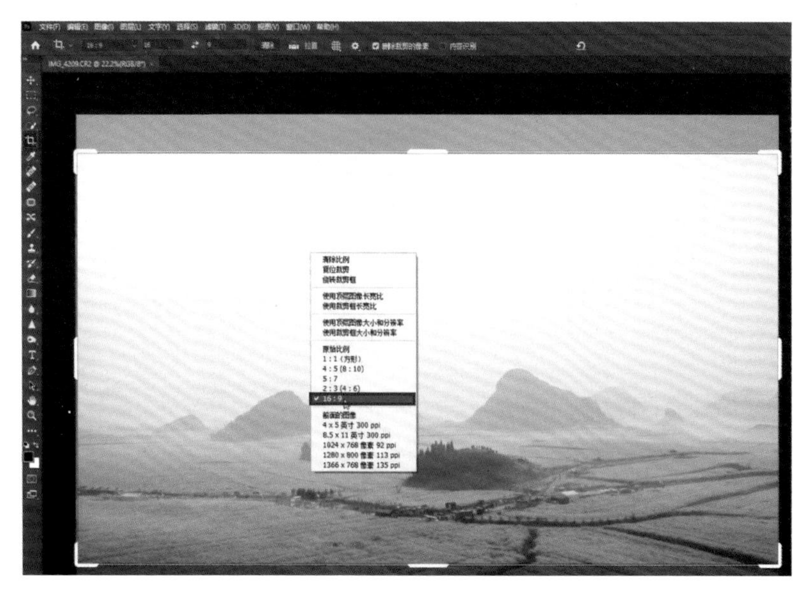

图 4-4

图 4-5

4.3 调整油菜花的颜色

我们对油菜花的颜色进行调整。新建一个可选颜色蒙版调整图层，“颜色”选择“黄色”，然后选择“绝对”，通过滑动滑块对油菜花的颜色进行调整，如图 4-6 所示。通过观察照片可以看出，照片的颜色还不够自然，如图 4-7 所示，于是我们再新建一个可选颜色蒙版调整图层，继续对黄色进行调整，将照片中油菜花的颜色调整到一个比较青的状态，如图 4-8 所示。这样对油菜花的颜色就调整完成了。

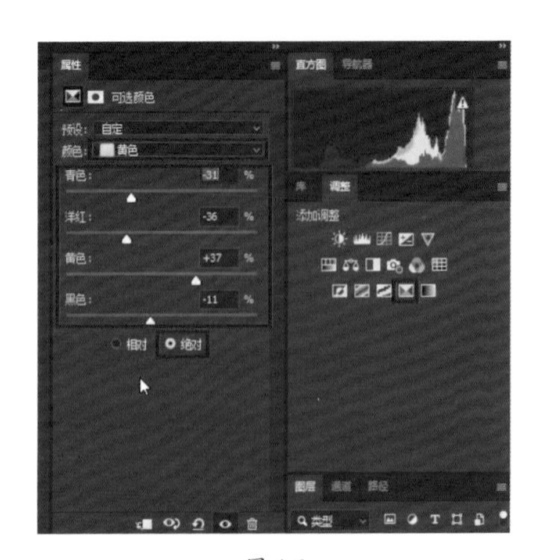

图 4-6

图 4-7

图 4-8

4.4 添加雾景

我们对雾景进行添加。在图层上单击鼠标右键并选择“拼合图像”，如图 4-9 所示。单击右下角的“创建新图层”，新建一个空白图层，如图 4-10 所示。然后单击菜单栏中的“编辑”，选择“填充”，如图 4-11 所示。

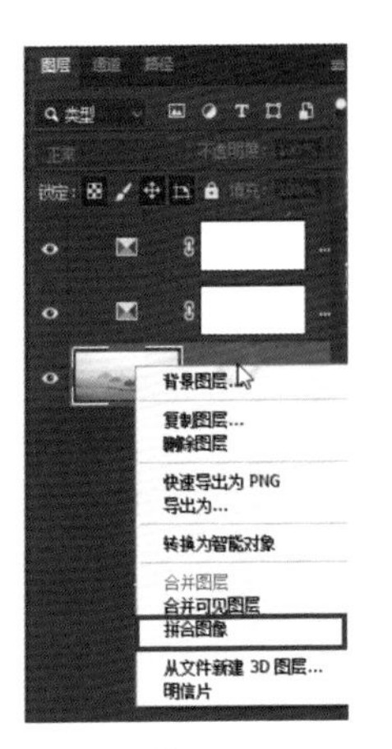

图 4-9

图 4-10

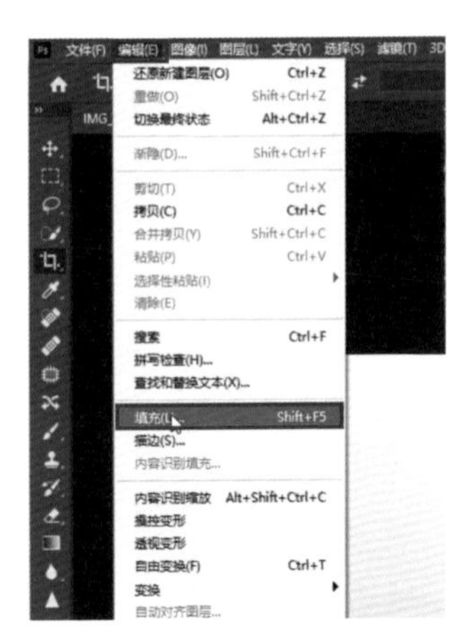

图 4-11

在弹出的对话框中的“内容”选择“黑色”，然后单击“确定”，如图 4-12 所示，这时照片就被填充了黑色，如图 4-13 所示。然后单击菜单栏中的“滤镜”，选择“渲染”，再选择“分层云彩”，如图 4-14 所示。

图 4-12

图 4-13

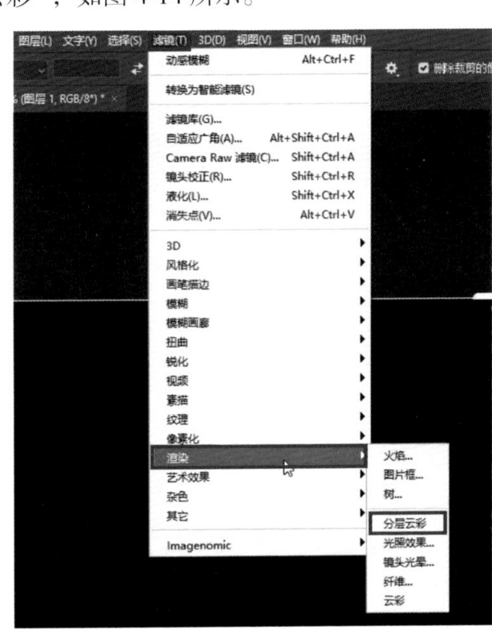

图 4-14

然后将混合模式更改为“滤色”，如图 4-15 所示。这时我们看到照片中的雾是成块存在的，十分影响美观，如图 4-16 所示。

图 4-15

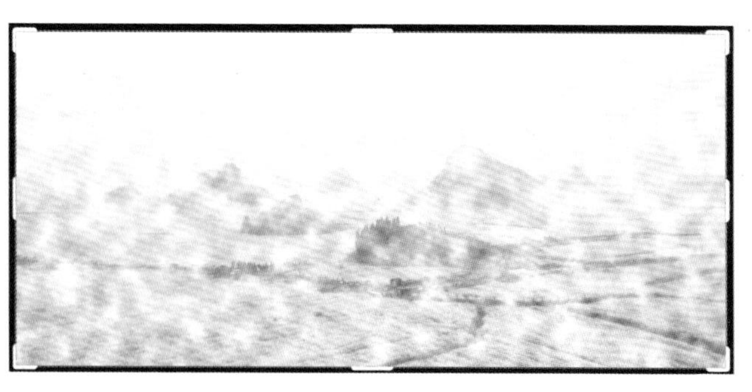

图 4-16

4.5　二次处理

我们对照片进行二次处理。选择“图层 1”，单击菜单栏中的“滤镜”，选择“模糊”，再选择“动感模糊”，如图 4-17 所示，在弹出的对话框中将距离调整为 115 像素，然后单击“确定”，如图 4-18 所示。这时画面中就有雾的感觉了，但是还不够明显，如图 4-19 所示。

图 4-17

图 4-18

我们选择“图层 1”，单击“曲线”，新建一个曲线蒙版调整图层，然后单击下面的“剪切蒙版”按钮，如图 4-20 所示，然后通过调整曲线，让雾变得有虚有实，如图 4-21 所示。

图 4-19

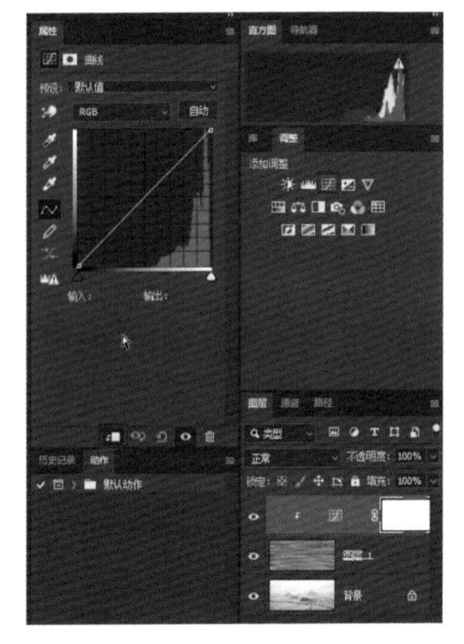

图 4-20

图 4-21

我们调整完曲线，观察照片，会发现天空中有很多雾，而天空中是不应该有这些雾的，所以要把这些雾去除。我们选中“图层 1”，单击右下角的“添加蒙版”按钮，新建一个蒙版，如图 4-22 所示。单击“渐变工具”，选择线形渐变，将不透明度调到 40%，前景色设为黑色，如图 4-23 所示。然后按住“Shift”键，将鼠标指针放在照片中从上往下拉，将天空中的雾去掉，如图 4-24 所示。设置完成后拼合图像。

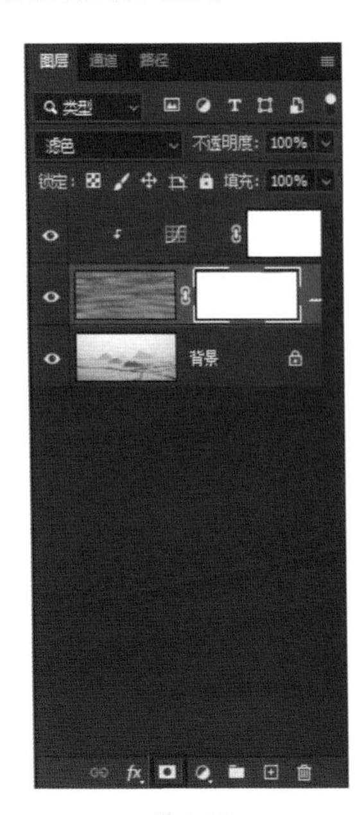

图 4-22

图 4-23

图 4-24

4.6 压暗天空

我们对天空再进行压暗处理。单击“曲线”，通过调节曲线将天空压暗，如图 4-25 所示。然后单击“蒙版”，单击“反相”，如图 4-26 所示。将前景色设为白色，对天空做线性渐变，把天空压暗一些，如图 4-27 所示，然后拼合图像。

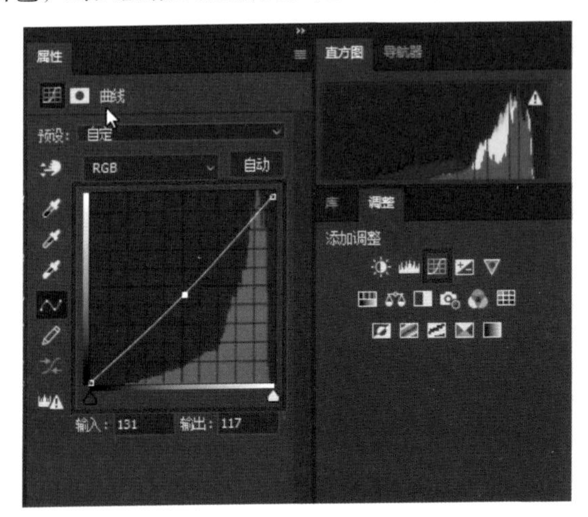

图 4-25

图 4-26

图 4-27

4.7 调整影调和色调

接下来我们对照片整体的色调进行调整。我们希望照片整体偏冷一些，这样就更符合雾景的意境。单击“照片滤镜”，选择一个暖色滤镜（Warming Filter〈85〉），颜色选择青色，如图 4-28 所示，然后拼合图像。使用亮度 / 对比度工具对整体影调进行把控，如图 4-29 所示，然后拼合图像。这时如果觉得雾太浓或者雾不够浓，可以用色阶工具通过对暗部进行调整来增加或减少雾，如图 4-30 所示，然后拼合图像。

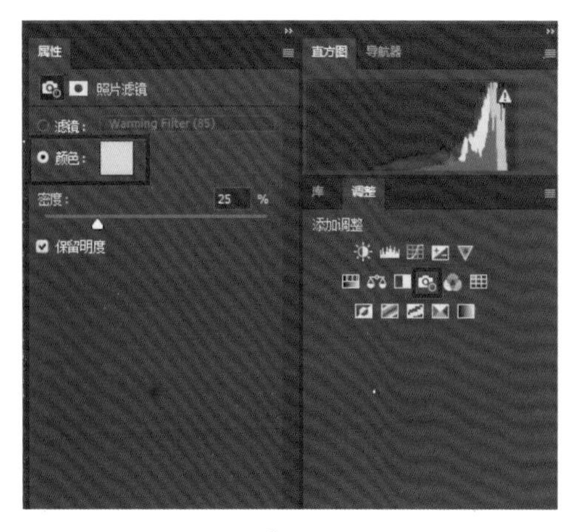

图 4-28

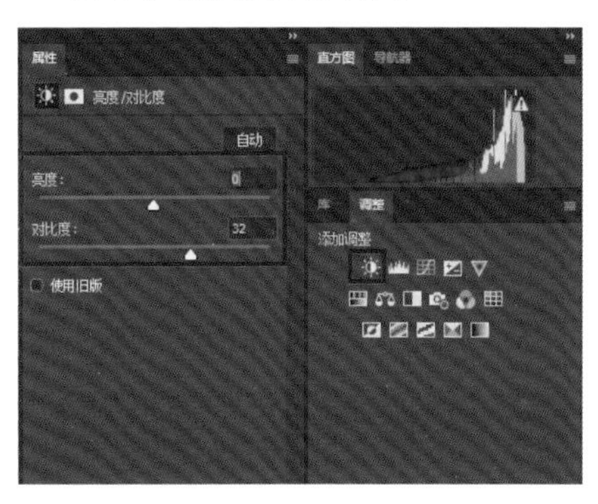

图 4-29

图 4-30

4.8 添加杂色

单击菜单栏中的“滤镜”，选择“杂色”，再选择“添加杂色”，如图 4-31 所示；在弹出的对话框中将“数量”调整为 1%，然后单击“确定”，如图 4-32 所示。这时照片就制作完成了，最后保存照片即可。

文字(Y) 选择(S) 滤镜(T) 3D(D) 视图(V) 窗口(W) 帮助(H)
动感模糊 Alt+Ctrl+F
转换为智能滤镜(S)
滤镜库(G)...
自适应广角(A)... Alt+Shift+Ctrl+A
Camera Raw 滤镜(C)... Shift+Ctrl+A
镜头校正(R)... Shift+Ctrl+R
液化(L)... Shift+Ctrl+X
消失点(V)... Alt+Ctrl+V
3D
风格化
画笔描边
模糊
模糊画廊
扭曲
锐化
视频
素描
纹理
像素化
渲染
艺术效果
杂色
其它
Imagenomic
减少杂色...
蒙尘与划痕...
去斑
添加杂色...
中间值...
反向
仿色

图 4-31

添加杂色
确定
取消
预览(P)
100%
数量(A): 1 %
分布
平均分布(U)
高斯分布(G)
单色(M)

图 4-32

第 5 章　冬季雪景

本章讲解如何处理冬季雪景照片。雪景照片普遍偏高调，因为雪是白色的，所以雪景照片的曝光值会相对较高，我们可以针对这个特性对雪景照片进行柔焦操作，让整张照片看起来更梦幻，更具艺术感染力。

下面通过案例讲解如何处理冬季雪景照片，照片处理前后的效果如图 5-1 和图 5-2 所示。

图 5-1

图 5-2

5.1　二次构图

我们将照片在 Photoshop 中打开，如图 5-3 所示。单击裁剪工具，选择

“16 : 9”的比例，如图 5-4 所示，将照片多余的部分裁掉，只保留主体和远景中的陪体，如图 5-5 所示，这样画面的纵深感和层次都会比较明显。

图 5-3

图 5-4

图 5-5

5.2　调整影调

我们对照片的影调进行调整。单击“曲线”，新建一个曲线蒙版调整图层，把混合模式更改为“柔光”，如图 5-6 所示。然后通过调整曲线，使照片变得更加通透，如图 5-7 所示。再新建一个曲线蒙版调整图层，通过调节曲线对主体进行提亮，从而突出主体，如图 5-8 所示。

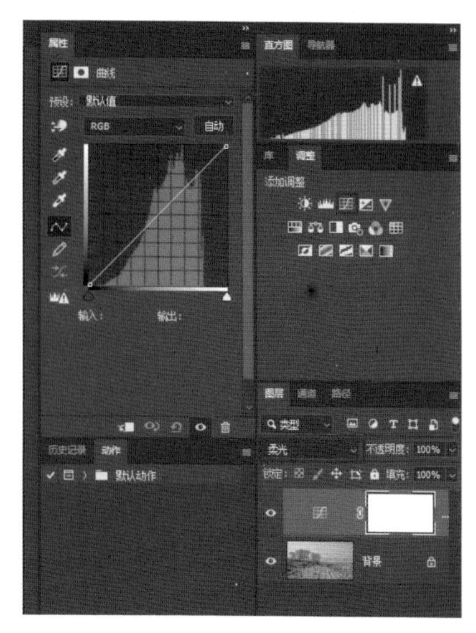

图 5-6

图 5-7

然后单击“蒙版”，单击“反相”按钮，如图 5-9 所示，单击渐变工具，选择“径向渐变”，将前景色设为白色，将不透明度设置为 20%，再将主体擦拭出来，如图 5-10 所示。在图层上单击鼠标右键，选择“拼合图像”，如图 5-11 所示。

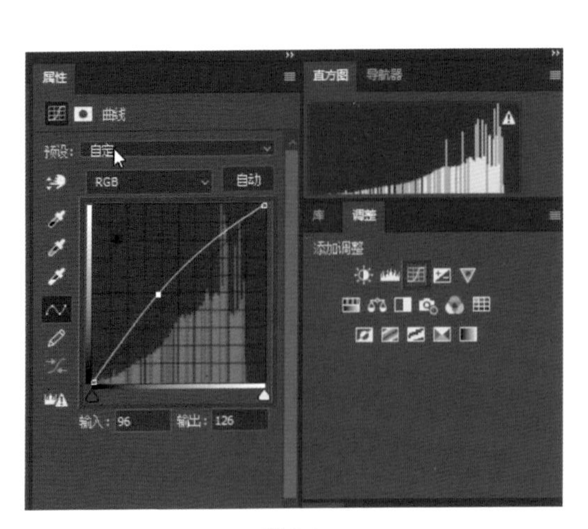

图 5-8

图 5-9

图 5-10

图 5-11

5.3　模糊处理

将“背景”图层拖动到右下角的“创建新图层”按钮上，复制一个图层，然后更改混合模式为“柔光”，如图 5-12 所示。接下来进行模糊处理。单击菜单栏中的“滤镜”，选择“模糊”，再选择“高斯模糊”，如图 5-13 所示，在弹出的对话框中调节“半径”的数值，单击“确定”，如图 5-14 所示。

图 5-12

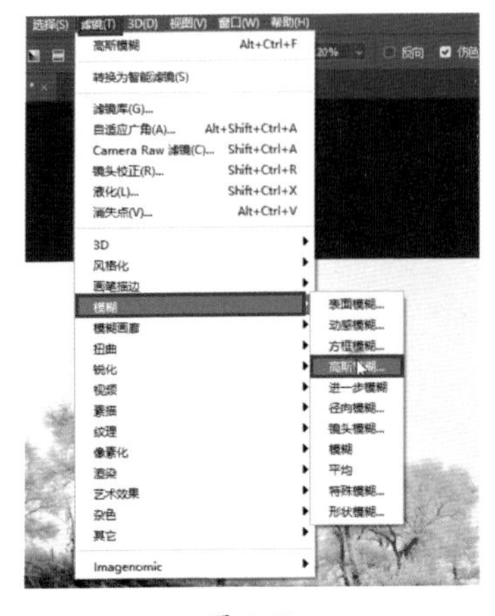

图 5-13

图 5-14

5.4 去除黑色

我们通过观察照片发现暗部的颜色太深了，如图 5-15 所示。在“背景 拷贝”图层上单击鼠标右键，然后选择“混合选项”，如图 5-16 所示。按住“Alt”键，在弹出的对话框中把“下一图层”左侧的三角形滑块的一部分向右拖动，这主要是为了分离暗部，让暗部的颜色不这么深，然后单击“确定”，如图 5-17 所示，设置完成后拼合图像。

图 5-15

图 5-16

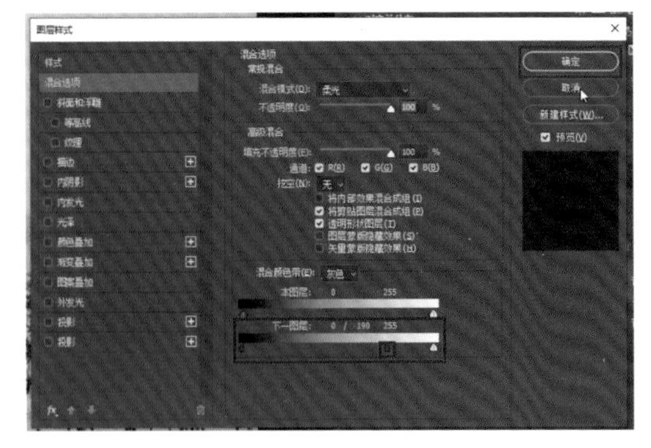

图 5-17

5.5 调整亮度

我们继续观察照片，发现照片下面的部分颜色还是偏深，如图 5-18 所示。单击“曲线”，创建曲线蒙版调整图层，将混合模式改为“滤色”，如图 5-19 所示，然后通过调节曲线对照片下面的部分进行提亮，如图 5-20 所示。

图 5-18

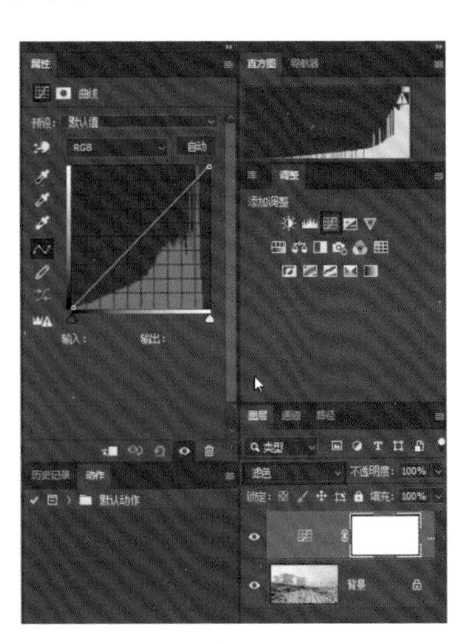

图 5-19

图 5-20

这时由于照片的主体部分受到了影响，所以选择“线性渐变”，将前景色设为黑色，将不透明度设置为 40%，如图 5-21 所示，在画面中从上往下拉，如图 5-22 所示，让亮度调整不会影响到主体。然后用鼠标右键单击“背景”图层，选择“拼合图像”，如图 5-23 所示。

图 5-21

图 5-22

图 5-23

5.6 增加氛围

通过观察，我们发现照片整体的颜色还比较淡，如图 5-24 所示，也就是照片的颜色氛围不够浓郁。我们可以通过提高画面饱和度，让照片有梦幻的氛围，如图 5-25 所示。然后用鼠标右键单击“背景”图层，选择“拼合图像”，如图 5-26 所示。

图 5-24

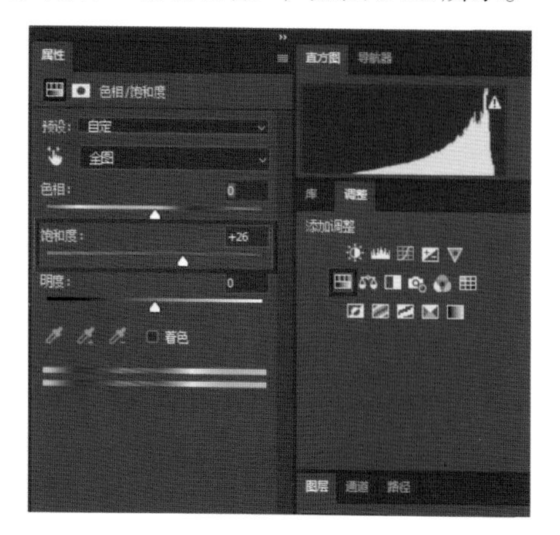

图 5-25

图 5-26

5.7 再次模糊处理

我们将“背景”图层拖动到右下角的“创建新图层”按钮上，复制一个图层，如图 5-27 所示；单击菜单栏中的“滤镜”，选择“模糊画廊”，再选择“光圈模糊”，如图 5-28 所示，进一步加大照片的模糊程度。模糊组件里的 4 个点代表模糊的过渡值，我们可以把模糊的过渡值往里面收一点，然后单击最外层的点向外扩充范围，这样照片的模糊效果就会过渡得更自然，如图 5-29 所示，设置完成后单击“确定”。

图 5-27

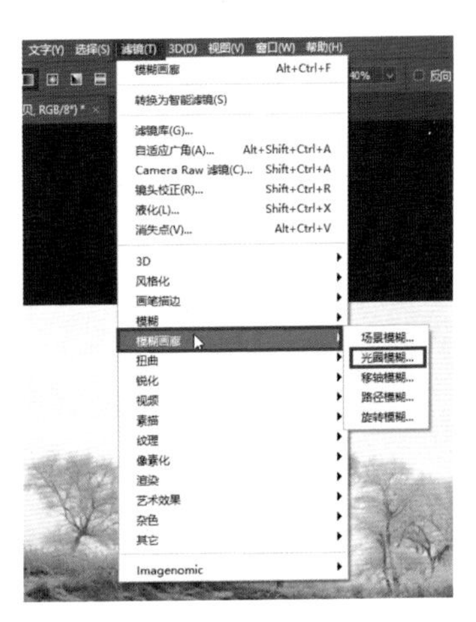

图 5-28

图 5-29

选中复制的“背景”图层，单击右下角的“添加图层蒙版”按钮，添加一个蒙版，如图 5-30 所示。单击“渐变工具”，选择“径向渐变”，将前景色设为黑色，如图 5-31 所示，使照片的模糊效果过渡得更自然，看起来不生硬，最后拼合图像。

图 5-30

图 5-31

5.8　去除杂色

我们放大照片观察细节，可以发现照片中有比较多的杂色，如图 5-32 所示。因此，我们可以单击菜单栏中的“滤镜”，选择“杂色”，再选择“减少杂色”，如图 5-33 所示。在弹出的对话框中将“强度”调为 2，“保留细节”调为 14%，“减少杂色”调为 58%，“锐化细节”调为 25%，以将画面中树枝的杂色去除，让画面更加干净。设置完成后单击“确定”，如图 5-34 所示。

图 5-32

图 5-33

图 5-34

5.9 再次调整亮度

去除画面中的杂色后，我们通过观察会发现，画面整体还是偏暗，如图 5-35 所示。因此，我们可以单击“曲线”，通过调节曲线对画面整体进行提亮，但画面中的高光不需要太亮，需要压暗一些，操作如图 5-36 所示，然后拼合图像。最后我们单击“照片滤镜”，选择一个暖色滤镜（Warming Filter〈85〉），“颜色”选择蓝色，如图 5-37 所示。

图 5-35

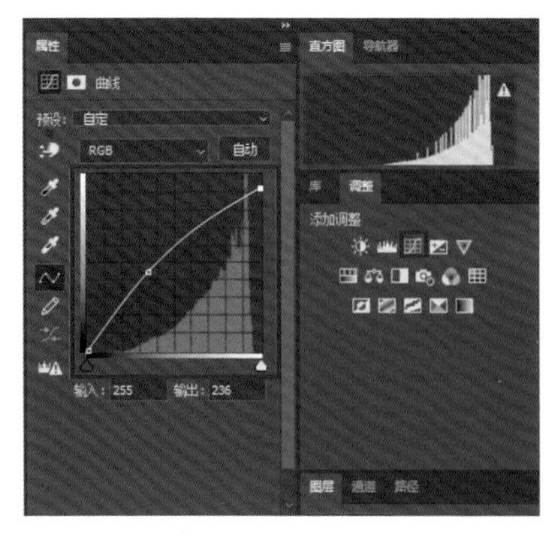

图 5-36

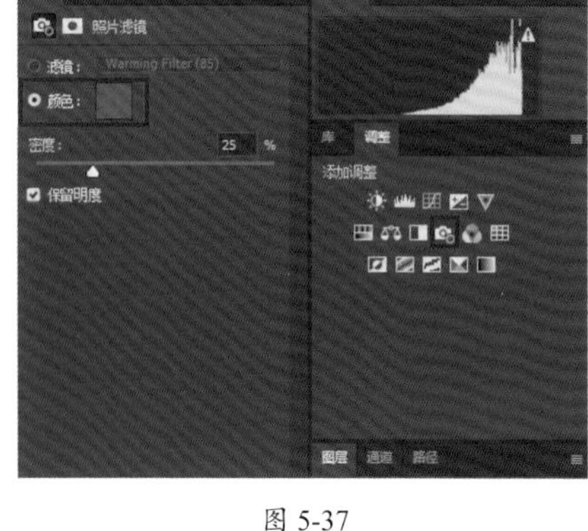

图 5-37

5.10 调整色调

画面的暗部是不需要添加冷色调的，我们可以单击鼠标右键并选择“混合选项”，如图 5-38 所示。在弹出的对话框中，按住“Alt”键，将“下一图层”左侧的三角形滑块的一部分向右拖动，使暗部分离，然后单击“确定”，如图 5-39 所示，这样画面的暗部就会更加自然。经过前面的处理，画面的饱和度会有所下降，我们单击“色相 / 饱和度”，提高饱和度参数的值，如图 5-40 所示，然后拼合图像并保存照片即可。

图 5-38

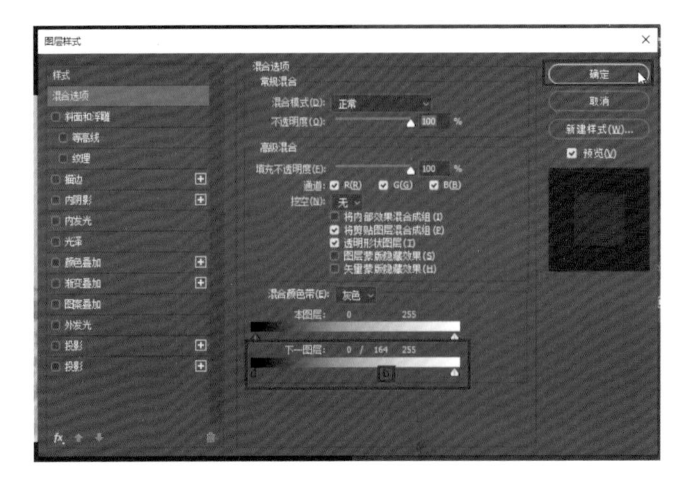

图层样式
样式
混合选项
斜面和浮雕
等高线
纹理
描边
内阴影
内发光
光泽
颜色叠加
渐变叠加
图案叠加
外发光
投影
投影
混合选项
常规混合
混合模式(D): 正常
不透明度(O): 100 %
高级混合
填充不透明度(F): 100 %
通道: R(R) G(G) B(B)
挖空(N): 无
将内部效果混合成组(I)
将剪贴图层混合成组(P)
透明形状图层(T)
图层蒙版隐藏效果(S)
矢量蒙版隐藏效果(H)
混合颜色带(E): 灰色
本图层: 0 255
下一图层: 0 / 164 255
确定
取消
新建样式(W)...
预览(V)

图 5-39

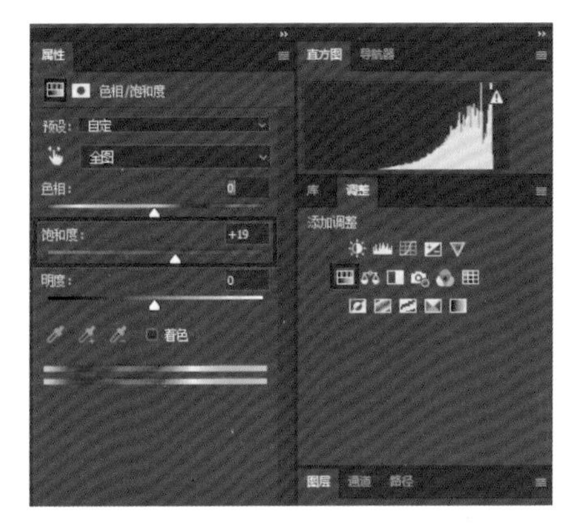

属性
色相/饱和度
预设: 自定
全图
色相: 0
饱和度: +19
明度: 0
着色
直方图
导航器
库
调整
添加调整
图层
通道
路径

图 5-40

第6章　秋色坝上

本章通过案例讲解如何将一张普通的坝上照片制作成优美的摄影作品，制作前后的照片效果如图6-1和图6-2所示。

图6-1

图6-2

6.1　二次构图

我们先来观察照片，它有一个明显的主体，而且山的曲线很优美。我们首先对它进行二次构图。选择裁剪工具，单击鼠标右键，选择“1：1（方形）”，如图6-3所示，对照片进行方形构图。我们要确定照片的主体，使画面中既保留天空的部分，又保留山的曲线，如图6-4所示，然后进行裁剪。

DSC00604.jpg @ 16.7%(RGB/8*)
清除比例
复位裁剪
旋转裁剪框
使用顶层图像长宽比
使用裁剪框长宽比
使用顶层图像大小和分辨率
使用裁剪框大小和分辨率
原始比例
1 : 1（方形）
4 : 5 (8 : 10)
5 : 7
2 : 3 (4 : 6)
16 : 9
前面的图像
4 x 5 英寸 300 ppi
8.5 x 11 英寸 300 ppi
1024 x 768 像素 92 ppi
1280 x 800 像素 113 ppi
1366 x 768 像素 135 ppi

图 6-3

图 6-4

6.2 处理主体

裁剪完之后，我们对照片下方的主体进行处理。单击“可选颜色”，“颜色”选择“黄色”，用黄色对叶子进行处理，减一点青色和黑色参数，加一点洋红和黄色参数，让叶子更亮一些，如图 6-5 所示。如果觉得叶子还不够亮，可以再单击“可选颜色”对参数进行调节，使叶子变得更亮，如图 6-6 所示。

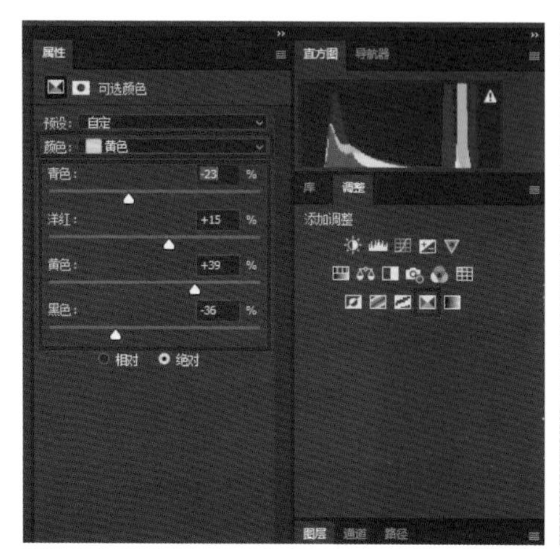

图 6-5

图 6-6

6.3 处理暗部

我们对暗部进行处理。照片中的暗部有些偏亮，因此单击“曲线”，通过调节曲线对暗部进行压暗，如图 6-7 所示。然后单击“蒙版”，单击“反相”，如图 6-8 所示。

将前景色设为白色，单击渐变工具，选择径向渐变，如图 6-9 所示，渐变模式选择“前景色到透明渐变”，然后单击“确定”，如图 6-10 所示，将地面稍微压暗一些，效果如图 6-11 所示。

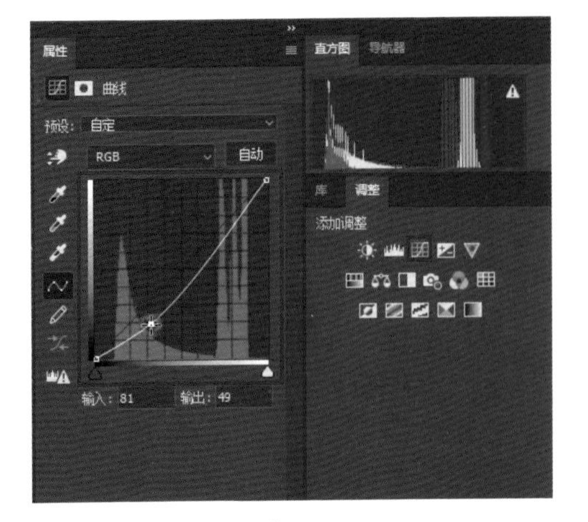
属性
直方图
导航器
曲线
预设：自定
RGB
自动
库
调整
添加调整
输入：81
输出：49

图 6-7

属性
蒙版
图层蒙版
密度：100%
羽化：0.0 像素
调整：
选择并遮住...
颜色范围...
反相

图 6-8

模式：正常
不透明度：34%
反向
仿色
透明区域
BMA-055.JPG @ 33.3%(RGB/8#)
DSC00604.jpg @ 25% (曲线 1, 图层蒙版/8) *

图 6-9

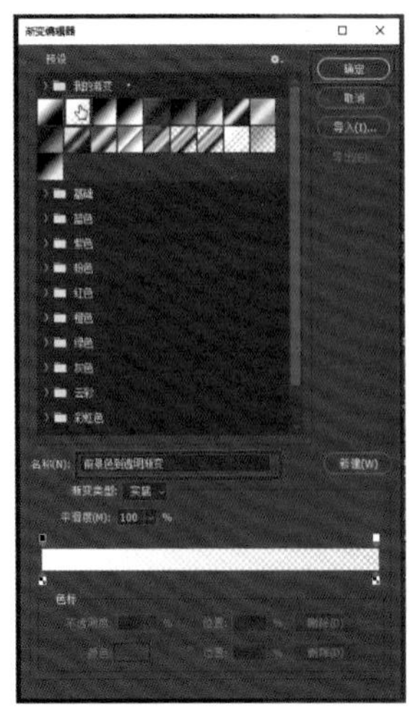

图 6-10

图 6-11

6.4 处理天空

我们对天空进行处理。先准备一张合适的素材，如图 6-12 所示。单击移动工具，把它拉到坝上照片中，如图 6-13 所示。然后选中“图层 1”并单击鼠标右键，选择“混合选项”，如图 6-14 所示。

图 6-12

图 6-13

图 6-14

在弹出的对话框中找到“混合颜色带”，选择“蓝”，然后将“下一图层”左侧的滑块慢慢往右边拖，这时就可以看到两张照片逐渐融合，如图 6-15 所示。

融合到一定程度之后，按住“Alt”键，让“下一图层”左侧的三角形滑块分成两个滑块，如图 6-16 所示。这时我们可以放大照片观察照片的细节，然后通过这两个滑块进行调整，直到两张照片融合得没有痕迹，再单击“确定”，如图 6-17 所示。

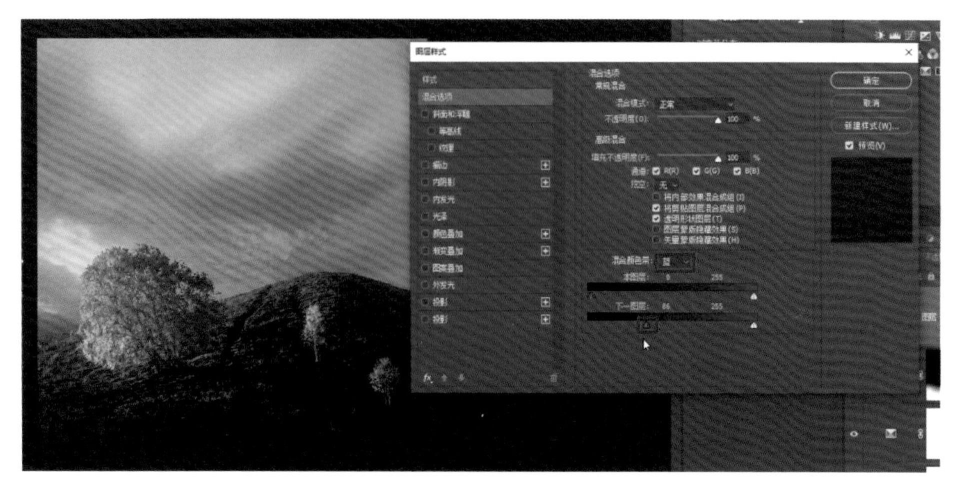

图 6-15

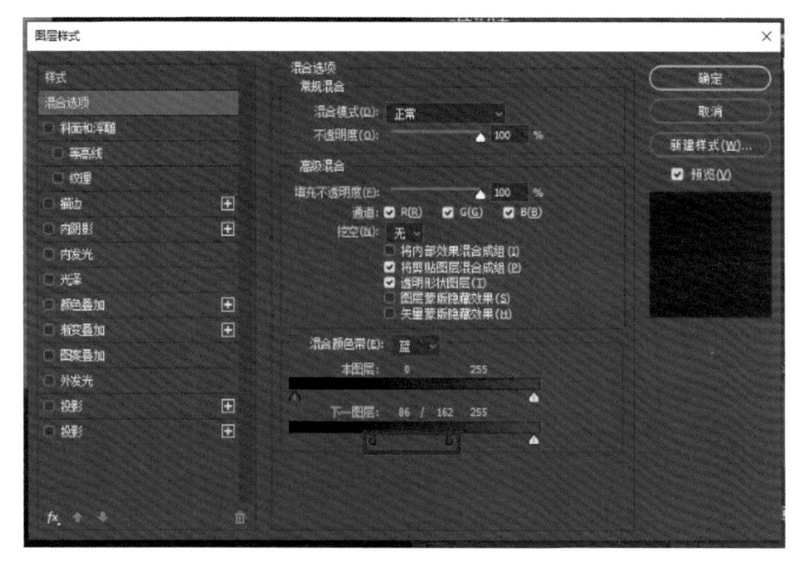

图 6-16

图 6-17

如果想对天空进行移动，可以使用移动工具，将天空移动到合适的位置，如图 6-18 所示，这样天空就制作完成了。我们通过观察照片，可以发现天空和地面的颜色不匹配，如图 6-19 所示，天空偏红，而地面偏绿。所以选中“背景”图层，单击“色彩平衡”，如图 6-20 所示。

图 6-18

图 6-19

给中间调加一点红色，如图 6-21 所示，给高光加一点黄色和红色，如图 6-22 所示，这样会使天空跟地面会更加契合。然后选中“图层 1”，对图层进行影调的渲染。单击“曲线”，创建新的曲线蒙版调整图层，将高光提亮一些，再提高一些对比度，如图 6-23 所示。

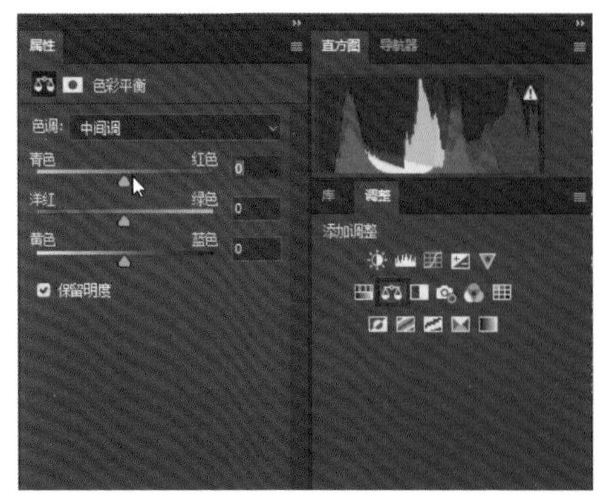

图 6-20

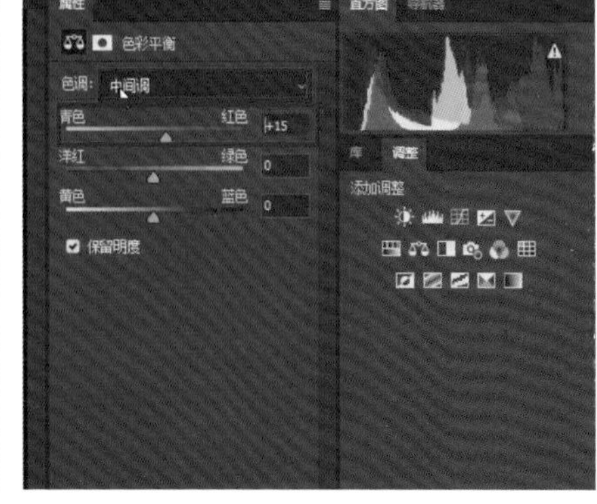

图 6-21

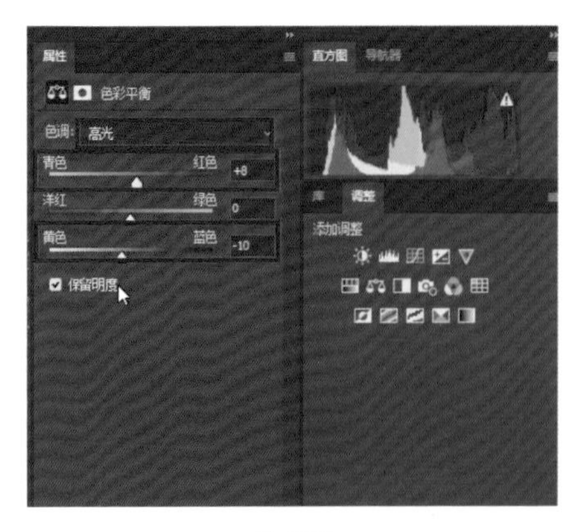

图 6-22

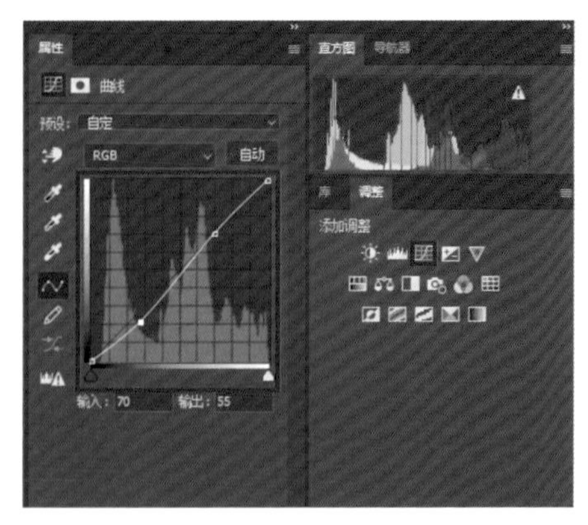

图 6-23

我们通过观察照片，可以看出天空的上半部分偏亮，如图 6-24 所示。因此我们可以单击“曲线”，再创建一个曲线调整图层，通过调节曲线稍微将天空的上半部分压暗，如图 6-25 所示，然后单击“蒙版”，单击“反相”，如图 6-26 所示。

图 6-24

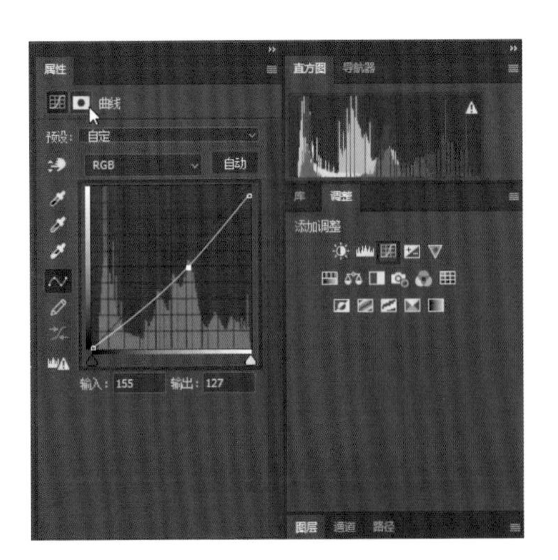

图 6-25

图 6-26

然后我们单击“渐变工具”，选择“径向渐变”，为天空区域制作一些渐变效果，如图 6-27 所示。

图 6-27

6.5 处理树

照片中树的右半部分偏暗，如图 6-28 所示。我们可以单击“曲线”，通过调节曲线对树进行提亮，如图 6-29 所示。

图 6-28

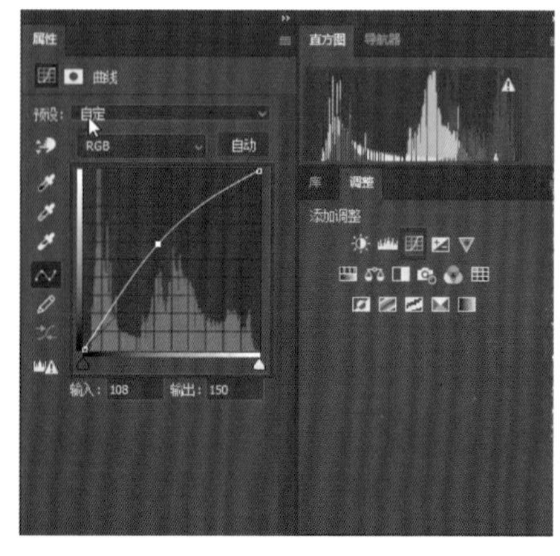

图 6-29

然后我们单击“蒙版”，单击“反相”，再单击“渐变工具”，选择“径向渐变”，对树稍微进行提亮，如图 6-30 所示。如果我们想对树或者天空的颜色进行更改，可以单击“色相 / 饱和度”，通过滑动“色相”滑块改变其颜色，如图 6-31 所示。这时照片就处理好了，最后保存照片即可。

图 6-30

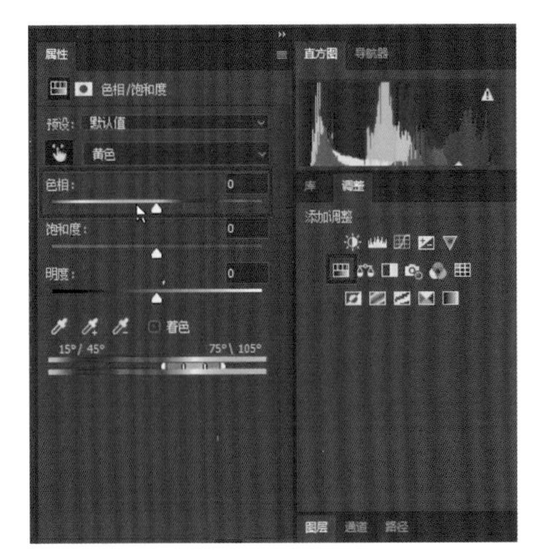
属性
色相/饱和度
预设：默认值
黄色
色相：
0
饱和度：
0
明度：
0
着色
15°/ 45°
75°\ 105°
直方图
导航器
库
调整
添加调整
图层
通道
路径

图 6-31

图 6-32

第 7 章 甘南风光

本章通过案例讲解如何处理拍摄于甘南的照片，照片处理前后的效果如图 7-1 和图 7-2 所示。

图 7-1

图 7-2

7.1 二次构图

我们先来分析这张照片，照片中天空发白，主体比较居中，陪体比较靠边，并且前景、主体和远景都有被拍到，所以它算是一张层次感比较强的照片，但是照片的影调需要进行调整，以突出主体，增强艺术氛围。我们将照片在 Photoshop 中打开，如图 7-3 所示。我们先对照片进行裁剪，让它的主体处在黄金位置。单击“裁剪工具”，选择“16 : 9”，把主体放在黄金位置上，陪体在右半部分，主体在左半部分，让后面的远景也不受影响，如图 7-4 所示。

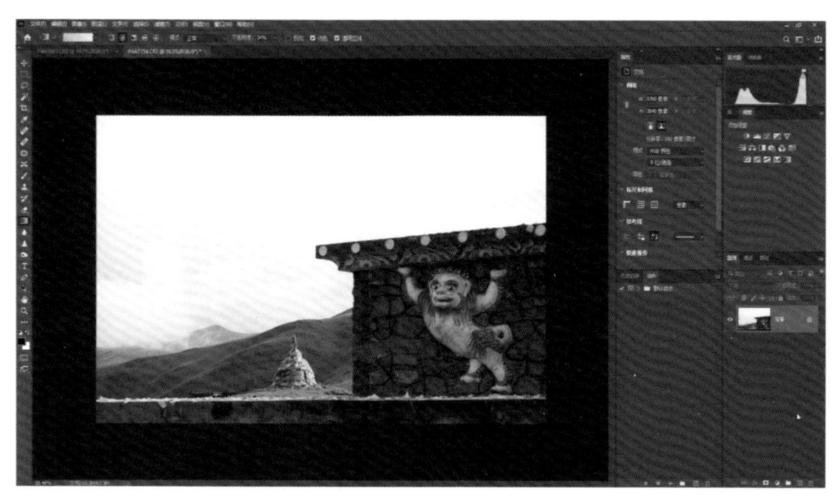

图 7-3

图 7-4

7.2 调整影调

接下来我们调整照片的影调。单击“曲线”，新建曲线蒙版调整图层，通过调节曲线对照片进行压暗，如图 7-5 所示。此时陪体的亮度也会随之降低，如图 7-6 所示，我们可以选择“渐变工具”，将前景色设为黑色，然后选择“径向渐变”，把前景稍微提亮一些，如图 7-7 所示。

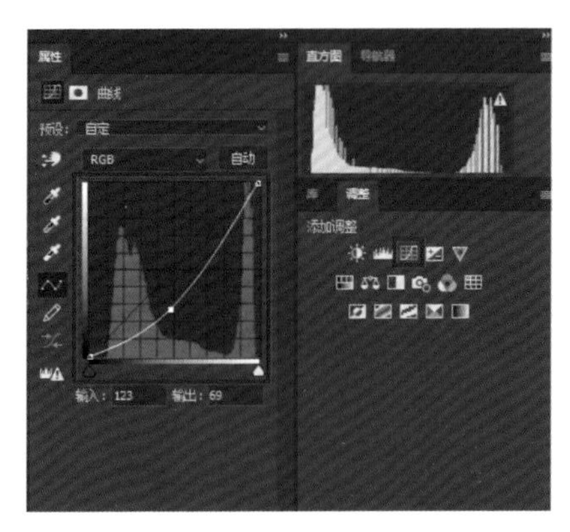

图 7-5

图 7-6

图 7-7

7.3 处理天空

我们继续观察照片就会发现，天空太亮导致细节丢失。所以单击“曲线”，然后单击“蒙版”，再单击“颜色范围”，如图 7-8 所示，然后把天空的部分选取出来，单击“确定”，如图 7-9 所示。然后单击曲线图层缩览图，通过调节“属性”面板中的曲线压暗天空，如图 7-10 所示。

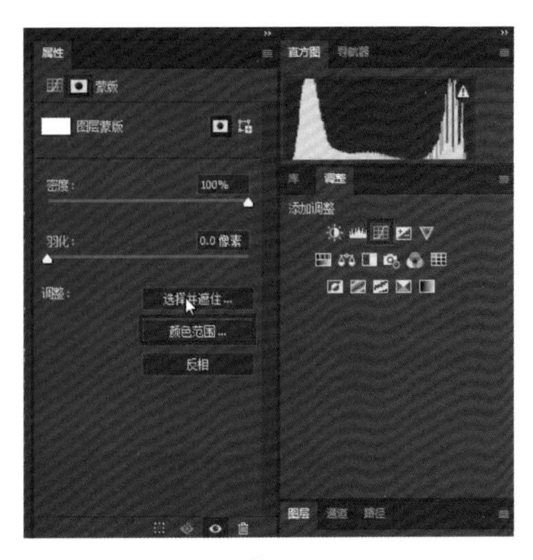

图 7-8

图 7-9

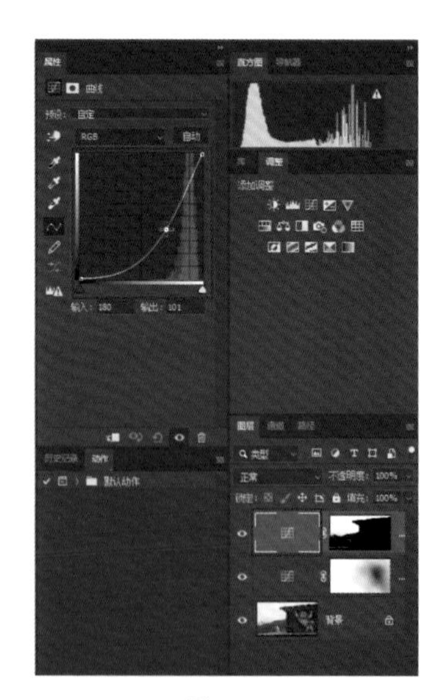

图 7-10

我们可以看到天空被压暗后，天空中云朵的细节也随之恢复，如图 7-11 所示。针对照片中有过渡问题的地方，如图 7-12 所示，我们选择“渐变工具”，将前景色设为黑色，选择“径向渐变”，将山体与天空之间的部分通过涂抹进行边缘的过渡，将“不透明度”设为 10%，这样过渡会更加均匀，如图 7-13 所示。

图 7-11

图 7-12

通过观察照片，我们可以发现天空的颜色还是比较单调，如图 7-14 所示。对此我们可以单击“曲线”，新建一个曲线蒙版调整图层，单击“蒙版”，然后单击“颜色范围”，如图 7-15 所示，再通过吸管工具吸取天空的颜色将天空框选出来，单击“确定”，如图 7-16 所示。

模式：正常
不透明度：11%
反向
仿色
透明区域
114A5861.CR2 @ 16.7%(RGB/8*) *
IF4A7154.CR2 @ 28.8% (曲线 2, 图层蒙版/8) *

图 7-13

图 7-14

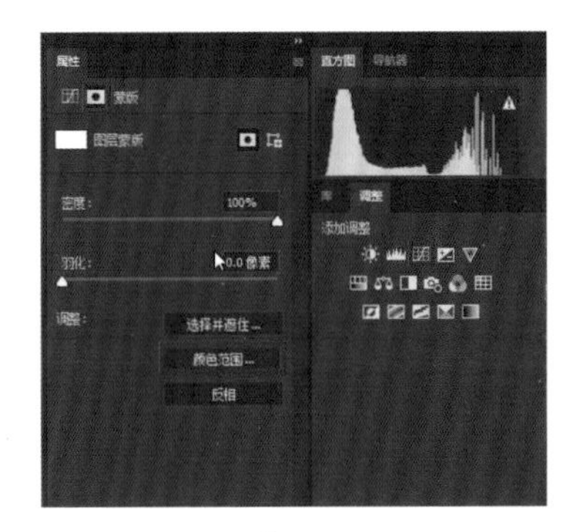

图 7-15

图 7-16

我们选中第一个图层的曲线图层缩览图，如图 7-17 所示，选择“蓝”通道，增加高光，如图 7-18 所示，然后选择“绿”通道，降低一些高光，如图 7-19 所示。

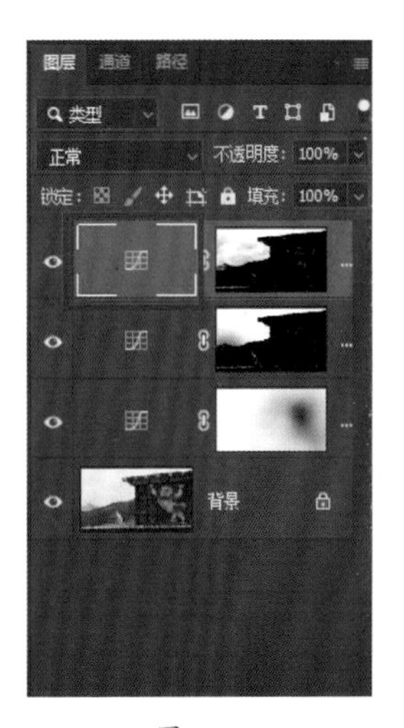

图 7-17

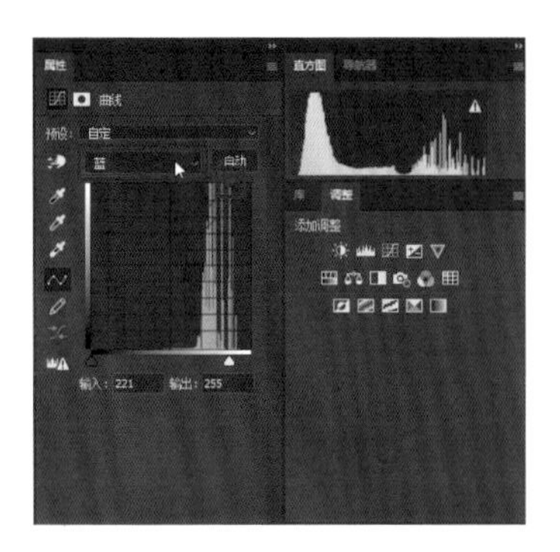

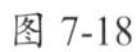
图 7-18

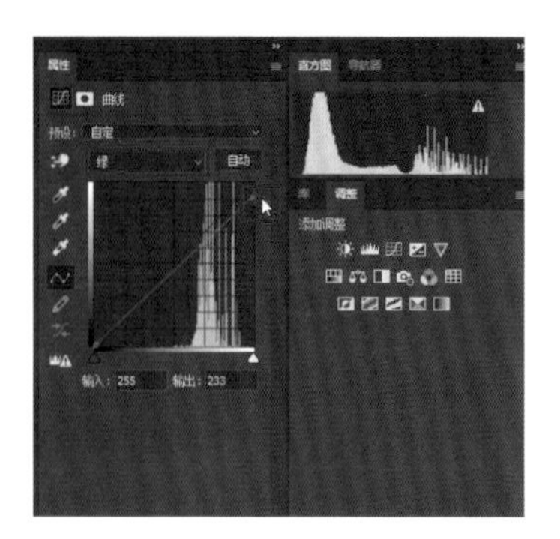

图 7-19

然后我们选中“红”通道，也降低一些高光，如图 7-20 所示，再选择“RGB”通道，对曲线稍微调整一下，如图 7-21 所示，把天空调成偏冷的色调，如图 7-22 所示。

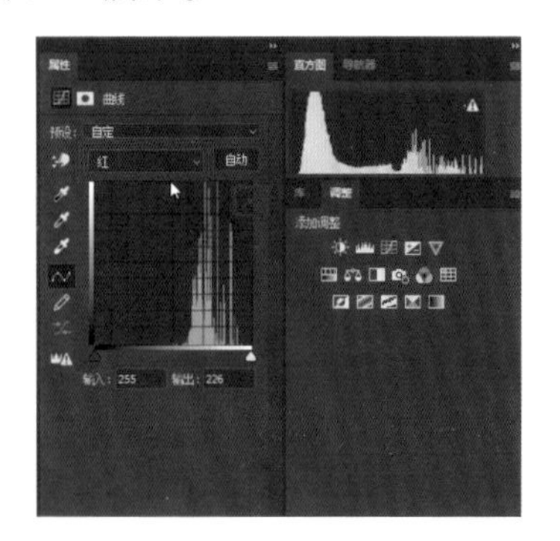

图 7-20

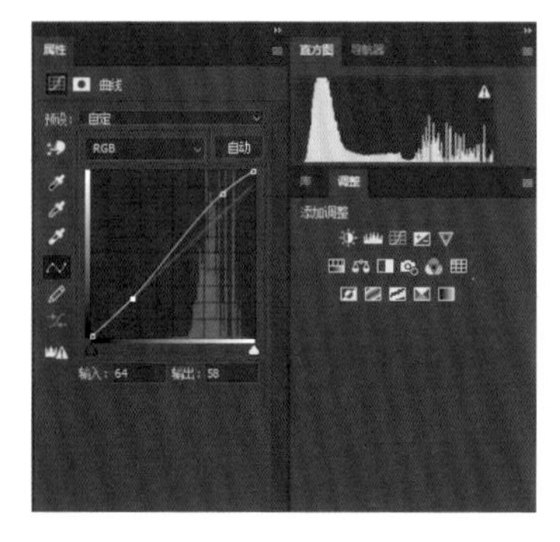

图 7-21

图 7-22

7.4 调节颜色

下面我们来调整照片左半部分的颜色。单击“可选颜色”，新建一个可选颜色调整图层，如图 7-23 所示。“颜色”选择“黄色”，以针对黄色进行调整。比如照片中的草地，我们希望它更绿一些，那就针对黄色进行加青色参数、减洋红参数、加黄色参数的操作，我们还可以通过减黑色来提高黄色的亮度，如图 7-24 所示。

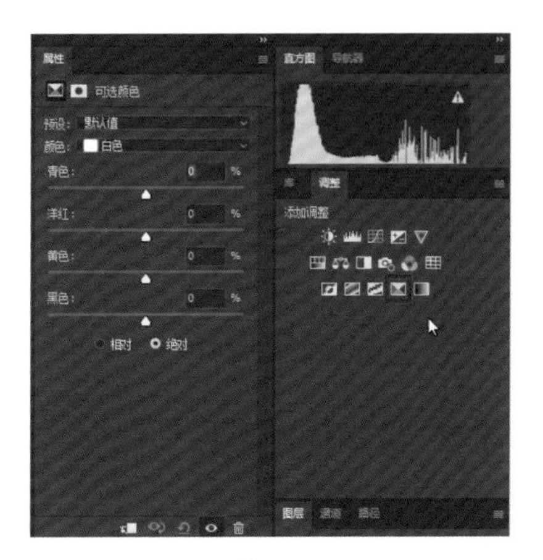

图 7-23

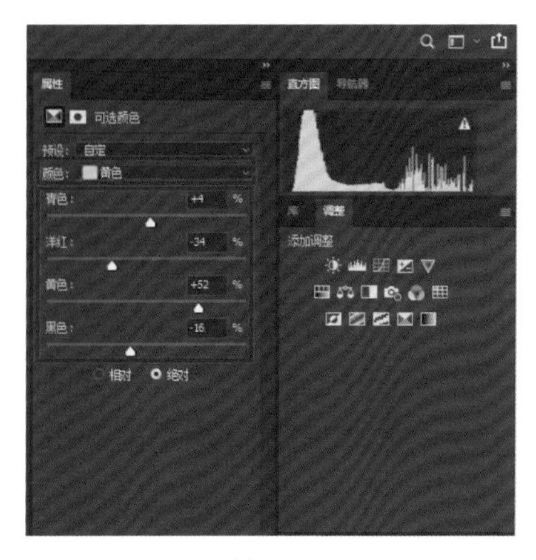

图 7-24

我们继续观察照片，发现照片右半部分的颜色受到了影响，如图 7-25 所示。因此选择“画笔工具”，将前景色设为黑色，如图 7-26 所示，然后选择第一个图层的图层蒙版缩览图，用画笔在画面中涂抹，将颜色擦拭回来，让陪体尽量不受到影响，如图 7-27 所示。

图 7-25

图 7-26

图 7-27

7.5 再次调整影调

我们再次对照片整体的影调进行调整。首先单击鼠标右键并选择“拼合图像”，如图 7-28 所示。然后单击“曲线”，将曲线的最高端和中间部分都压低一些，使照片变暗，如图 7-29 所示。选择“渐变工具”，然后选择“径向渐变”，将前景色设为黑色，“不透明度”调为 20%，将主体和陪体都擦拭出来，让光线更加明显，如图 7-30 所示。

图 7-28

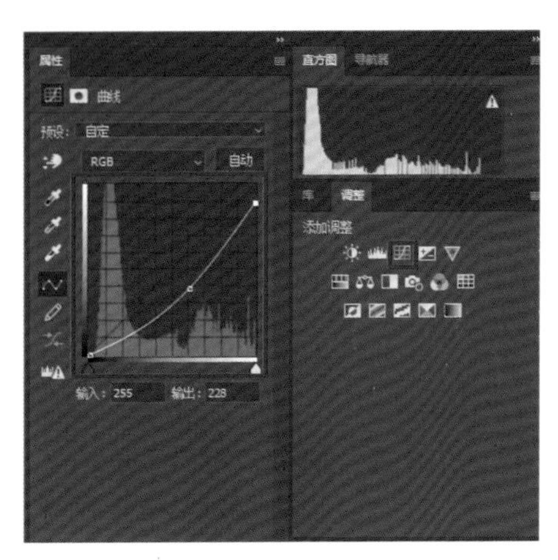

图 7-29

图 7-30

接着我们将“不透明度”调为10%，对照片整体进行过渡处理，减少处理痕迹，如图7-31所示，再单击鼠标右键并选择“拼合图像”，如图7-32所示。

图 7-31

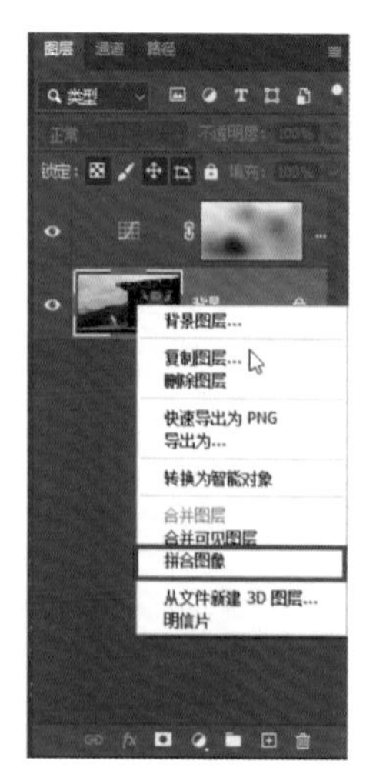

图 7-32

7.6　锐化照片

我们单击“色相 / 饱和度”，通过改变色相让草地的颜色黄一些，天空的颜色青一些，如图 7-33 所示，让整体的颜色更加协调。然后我们单击鼠标右键并选择“拼合图像”，随后单击菜单栏中的“滤镜”，选择“锐化”，再选择“USM 锐化”，如图 7-34 所示。在弹出的对话框中通过调节“数量”和“半径”锐化照片，然后单击“确定”，如图 7-35 所示。这样照片就处理好了，最后我们保存照片即可。

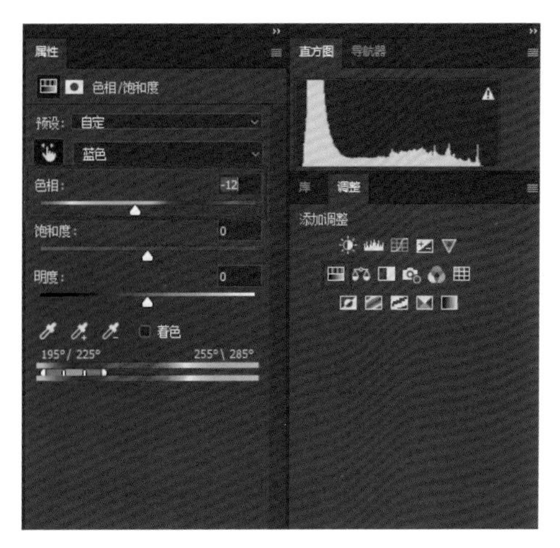

图 7-33

图 7-34

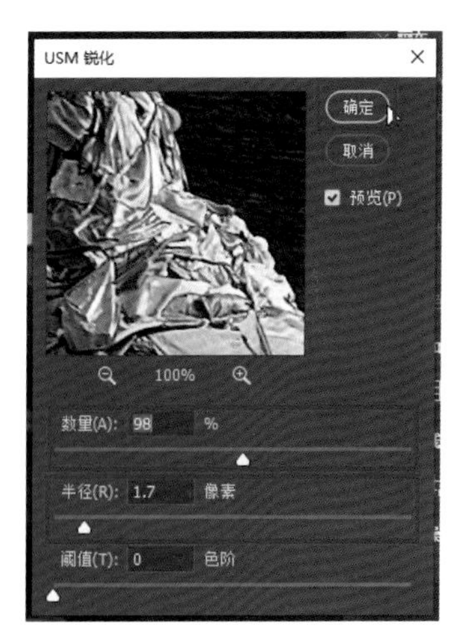

图 7-35

第 8 章　世遗宏村

本章讲解如何制作关于宏村的摄影作品。

宏村有很多美景和古建筑，如图 8-1 所示。这张照片中有红叶和古建筑，但是太单调了，没有体现出宏村历史悠久的感觉。如果我们想体现这种感觉，还需要其他的照片素材，如图 8-2 所示。照片中墙上有历史的痕迹，刚好可以体现宏村的历史悠久。我们就利用这两张照片来制作摄影作品，制作完成的效果如图 8-3 所示。

图 8-1

图 8-2

图 8-3

8.1 合并照片

我们首先将拍摄有古建筑的照片拖到有墙的照片中，如图 8-4 所示。然后将照片的混合模式改为“正片叠底”，如图 8-5 所示。再将照片调整到合适的位置，如图 8-6 所示。

图 8-4

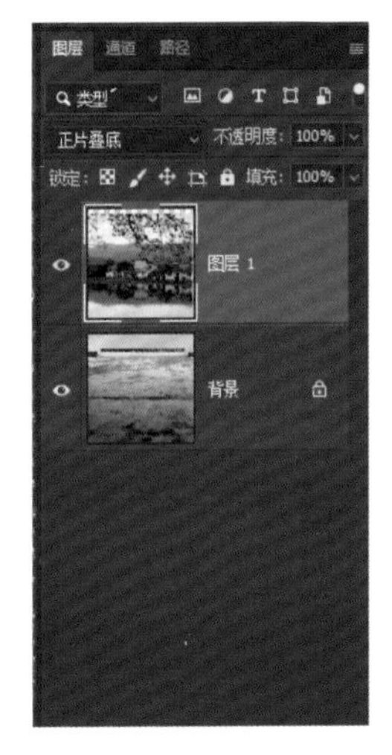

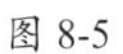

图 8-5

图 8-6

8.2 处理树枝

我们观察照片会发现树枝的位置不合适，可以选择“背景”图层，如图 8-7 所示。选择“快速选择工具”，把天空框选出来，如图 8-8 所示。然后选中“图层 1”，单击右下角的“添加图层蒙版”按钮，给“图层 1”新建一个蒙版，如图 8-9 所示。

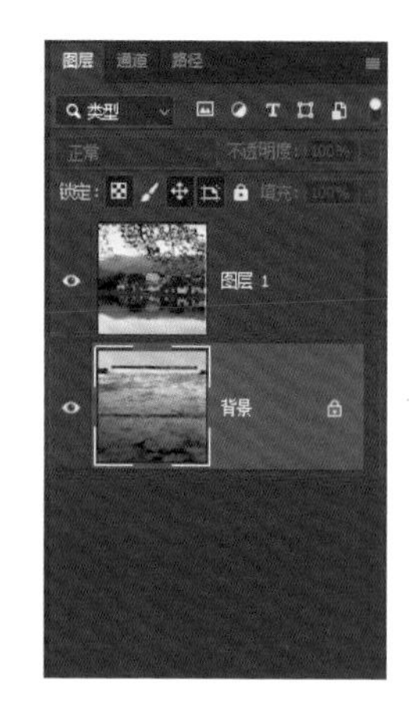

图 8-7

图 8-8

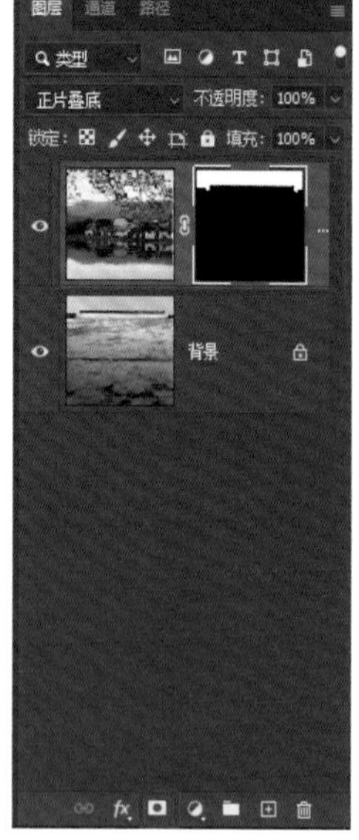

图 8-9

然后我们单击“反相”，对蒙版进行反相操作，如图 8-10 所示。这样图中的天空就不会受到树枝的影响了，如图 8-11 所示。

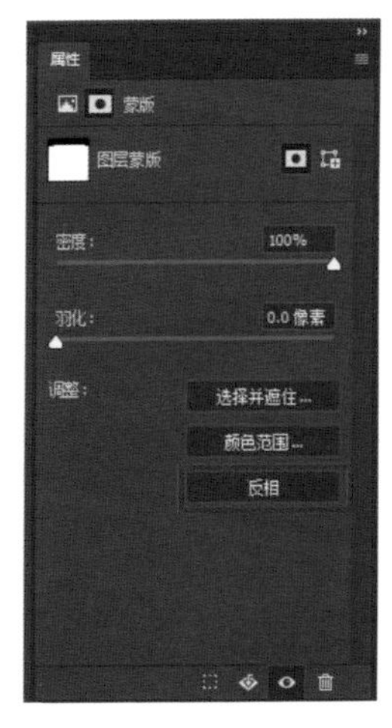

图 8-10

图 8-11

8.3 处理瓦片

我们放大照片会发现，砖瓦上映上了树枝，这就显得不自然，如图 8-12 所示。因此我们单击“画笔工具”，将前景色设为黑色，“不透明度”调到 100%，如图 8-13 所示。然后单击倒三角形图标将硬度调到 64%，如图 8-14 所示。

图 8-12

图 8-13

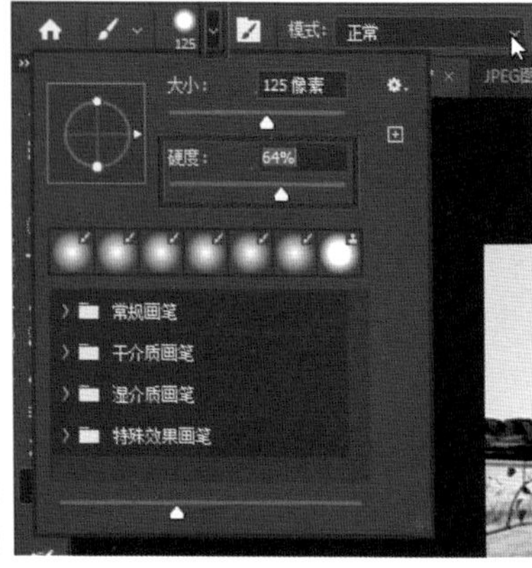

图 8-14

我们通过涂抹把砖瓦上的树枝去掉，如图 8-15 所示。为了营造斑驳的效果，我们选择渐变工具，用径向渐变对照片边缘进行过渡处理，如图 8-16 所示。

图 8-15

图 8-16

8.4　调节亮度

照片下半部分比较暗，因此我们选中“背景”图层，单击“曲线”，新建一个曲线蒙版调整图层，通过调节曲线将画面提亮，如图 8-17 所示。画面提亮之后，可以发现照片的上半部分也被提亮了，如图 8-18 所示。但这是我们不需要的。所以我们选择线性渐变，将照片上半部分的亮度还原，对照片下半部分也稍微还原一点，如图 8-19 所示。

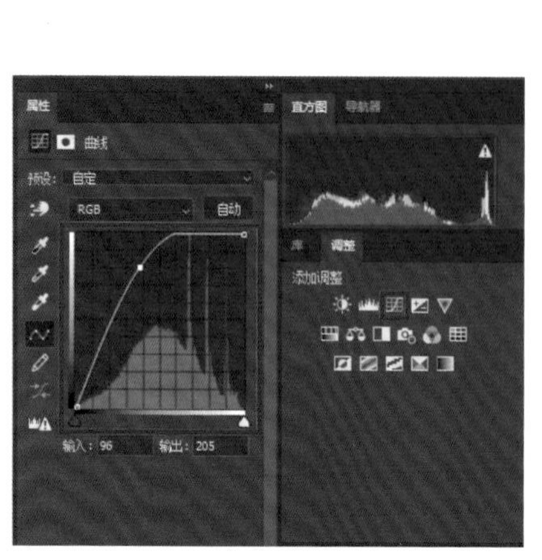

图 8-17

图 8-18

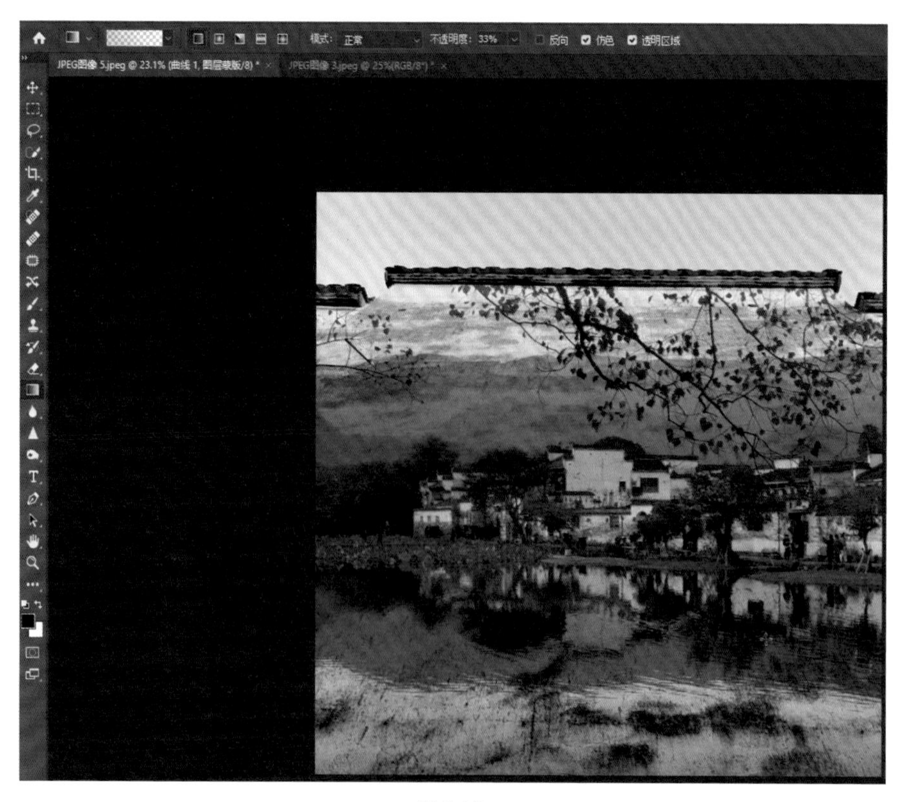

图 8-19

照片的中间部分还是不够亮，我们选中最上面的图层，如图 8-20 所示，单击“曲线”，创建新的曲线蒙版调节图层，调节曲线提高照片中间部分的亮度，并且只针对刚才选中的图层产生效果。然后单击下面的“此调整影响下面的所有图层”按钮，生成一个剪切蒙版，如图 8-21 所示。这时两张照片就合成好了，如图 8-22 所示。

图 8-20

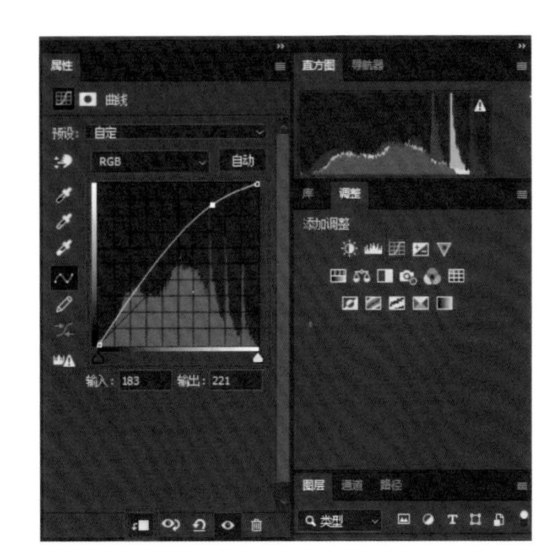

图 8-21

图 8-22

8.5 制作墙画

我们观察照片会发现，照片有历史的斑驳感，但我们还想要把照片做成一张墙画，也就是让古建筑和树枝等物体看起来像是画在墙上的。我们选中第二个图层的图层缩览图，如图 8-23 所示。单击菜单栏中的“滤镜”，选择“滤镜库”，如图 8-24 所示。选择“成角的线条”，将“描边长度”增加一些，让照片有一种水墨画的感觉，然后单击“确定”，如图 8-25 所示。

图 8-23

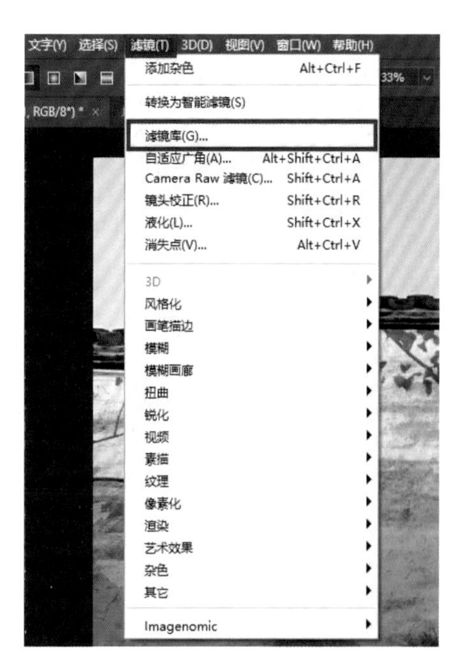

图 8-24

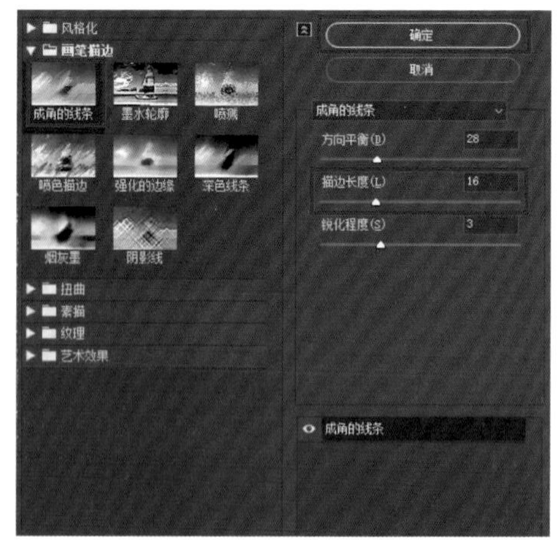

图 8-25

8.6　制作复古色调

我们观察照片可以发现，水墨墙画的效果被制作出来了，但是画面的复古感还是比较缺失的，如图 8-26 所示。因此我们对照片进行复古色调的处理。在“背景”图层上单击鼠标右键，选择“拼合图像”，如图 8-27 所示。然后单击菜单栏的“滤镜”，选择“渲染”，再选择“光照效果”，如图 8-28 所示。

图 8-26

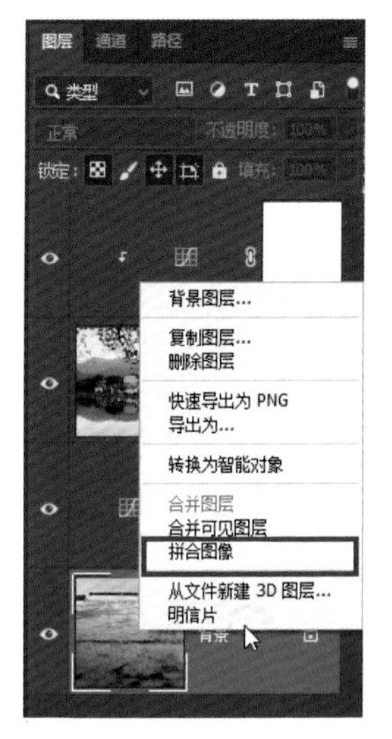

图 8-27

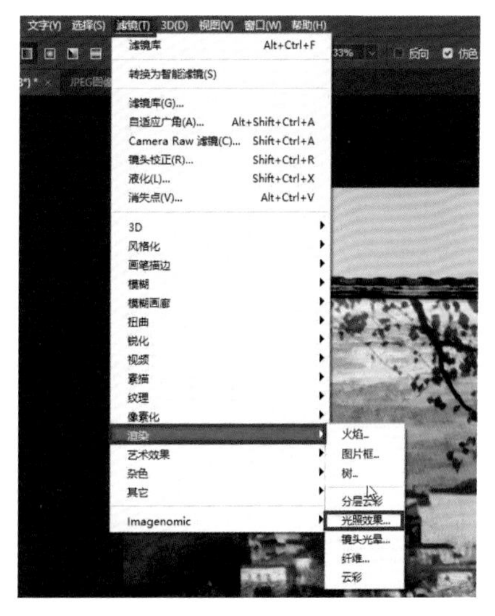

图 8-28

我们在打开的“属性”面板中选择“点光”，单击“着色”右侧的色块，在拾色器中选择偏绿的颜色，然后单击“确定”，如图 8-29 所示。适当调整颜色强度，尽量不要让画面曝光过度，可以将着色曝光度适当降低一些，将“环境”调整到比较合适的值，如图 8-30 所示。将画面调整好后，我们单击“确定”。

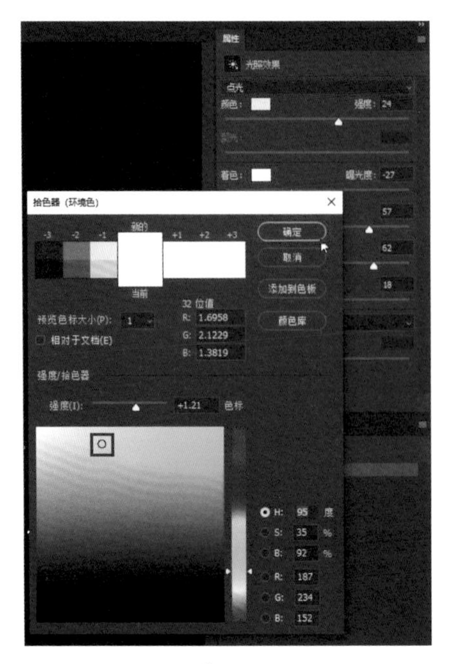

图 8-29

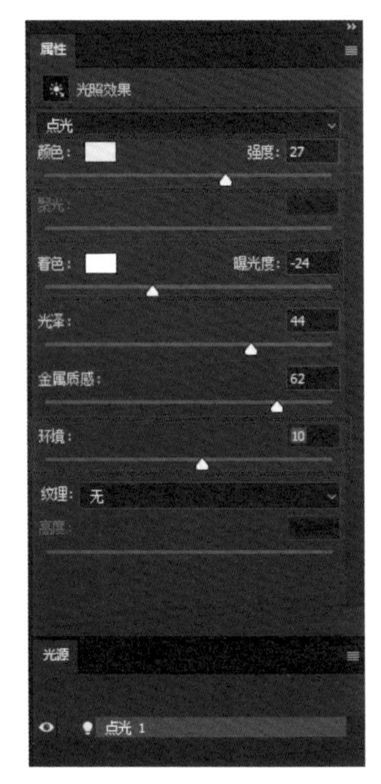

图 8-30

8.7 突出主体

我们观察照片会发现，主体不够突出，如图 8-31 所示。我们单击“曲线”，新建一个曲线蒙版调整图层，通过调节曲线把照片整体压暗，如图 8-32 所示。然后我们选择“径向渐变”，突出照片中间的图案，如图 8-33 所示，最后拼合图像。

图 8-31

图 8-32

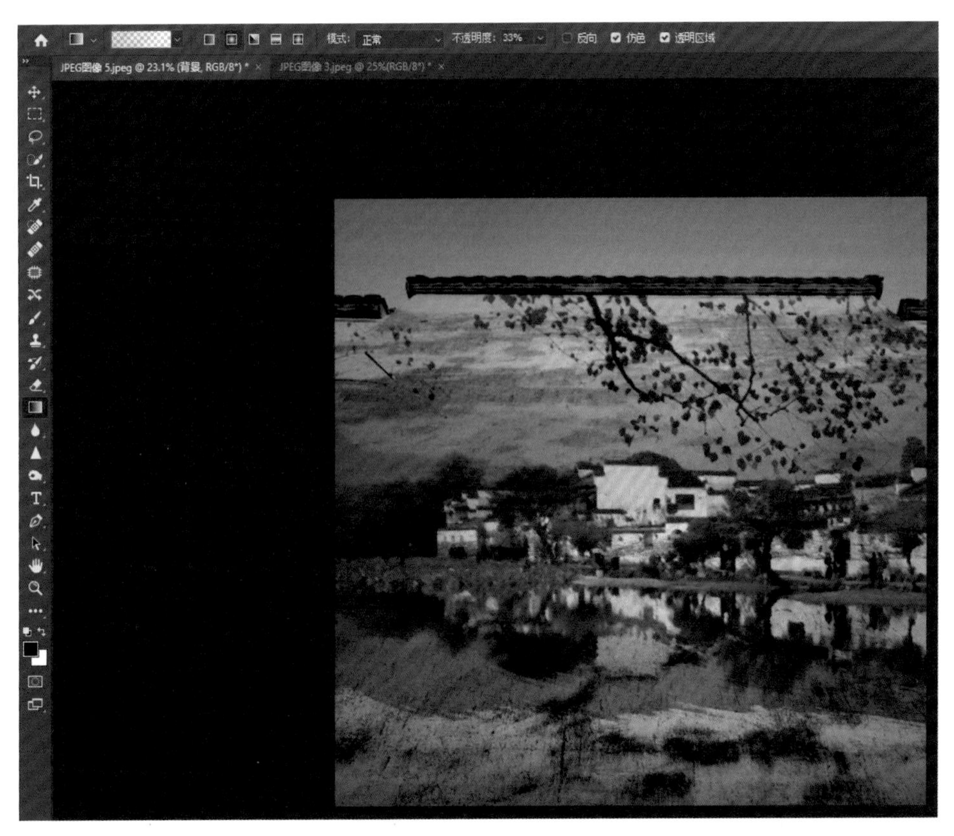

图 8-33

8.8　调整饱和度

我们还要对照片的饱和度进行调整。单击“色相 / 饱和度”，将“饱和度”值降低，如图 8-34 所示。但是枫叶颜色的饱和度也会随之下降，我们可以使用吸管工具选取枫叶的红色，如图 8-35 所示。然后将红色的“饱和度”和“明度”值都提高一些，如图 8-36 所示，以点缀画面。最后我们拼合图像。

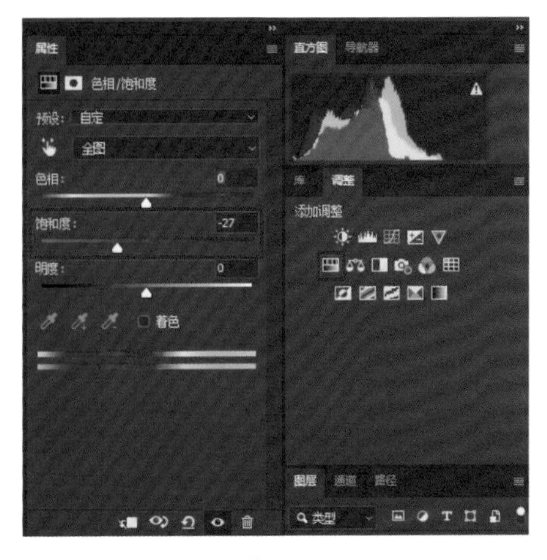

图 8-34

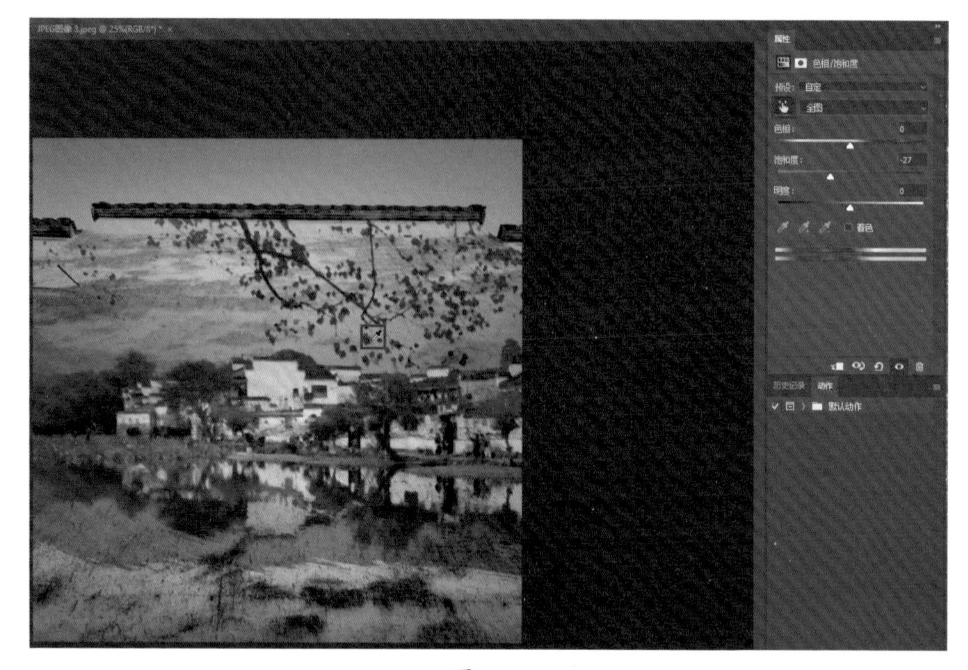
属性
色相/饱和度
预设：自定
全图
色相：
0
饱和度：
-27
明度：
0
着色
历史记录
动作
默认动作
图 8-35

属性
色相/饱和度
预设：自定
红色
色相：
0
饱和度：
+50
明度：
+18
着色
315°/ 345°
15°\ 45°
图 8-36

8.9　处理底部

我们观察照片会发现，照片底部有一点脏，如图 8-37 所示。因此我们使用套索工具，将照片底部的区域框选出来，如图 8-38 所示；然后单击“曲线”，创建新的曲线蒙版调整图层；然后单击“蒙版”，单击“颜色范围”，如图 8-39 所示。

图 8-37

图 8-38

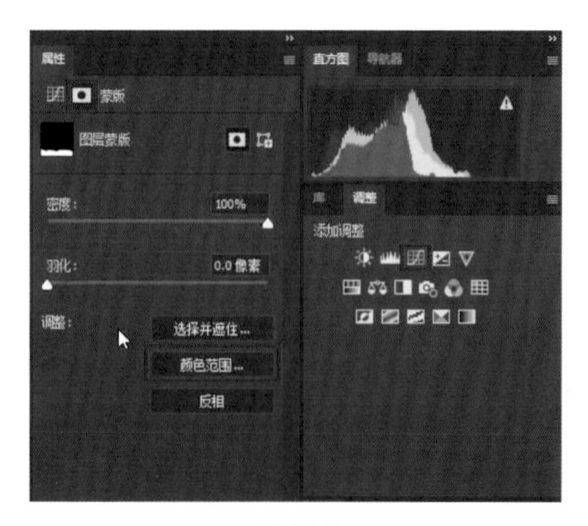

图 8-39

我们用吸管工具吸出照片底部黑色的部分，然后单击“确定”，如图 8-40 所示；然后将混合模式改为“滤色”，将“不透明度”调为 54%，如图 8-41 所示；再提高一点“羽化”值，如图 8-42 所示。最后拼合图像。

图 8-40

图 8-41

图 8-42

8.10 掩盖合成痕迹

我们单击“亮度 / 对比度”，提高一些亮度，如图 8-43 所示，然后拼合图像。我们单击菜单栏中的“滤镜”，选择“杂色”，再选择“添加杂色”，如图 8-44 所示。将数量设置为 4%，然后勾选“高斯分布”和“单色”，这样可以最大限度地掩盖合成痕迹，让整个照片看起来更自然。最后单击“确定”，如图 8-45 所示。宏村的摄影作品就制作完成了，最后我们保存照片即可。

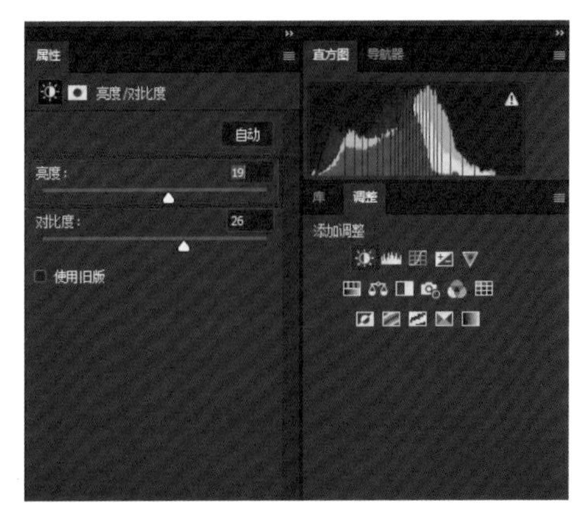

图 8-43

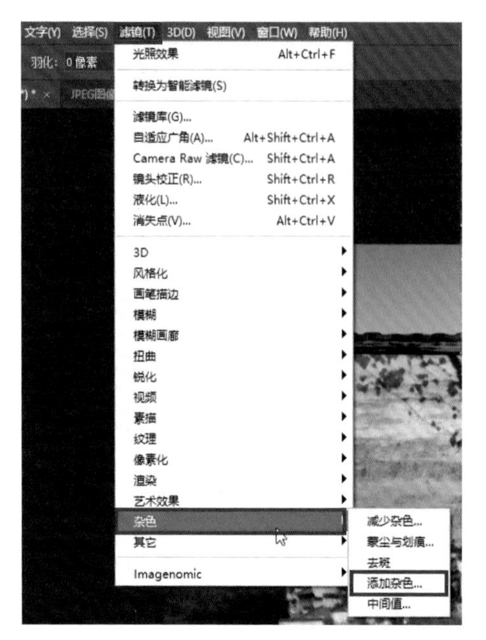

文字(Y) 选择(S) 滤镜(T) 3D(D) 视图(V) 窗口(W) 帮助(H)
羽化: 0 像素
光照效果 Alt+Ctrl+F
转换为智能滤镜(S)
滤镜库(G)...
自适应广角(A)... Alt+Shift+Ctrl+A
Camera Raw 滤镜(C)... Shift+Ctrl+A
镜头校正(R)... Shift+Ctrl+R
液化(L)... Shift+Ctrl+X
消失点(V)... Alt+Ctrl+V
3D
风格化
画笔描边
模糊
模糊画廊
扭曲
锐化
视频
素描
纹理
像素化
渲染
艺术效果
杂色
其它
Imagenomic
减少杂色...
蒙尘与划痕...
去斑
添加杂色...
中间值...

图 8-44

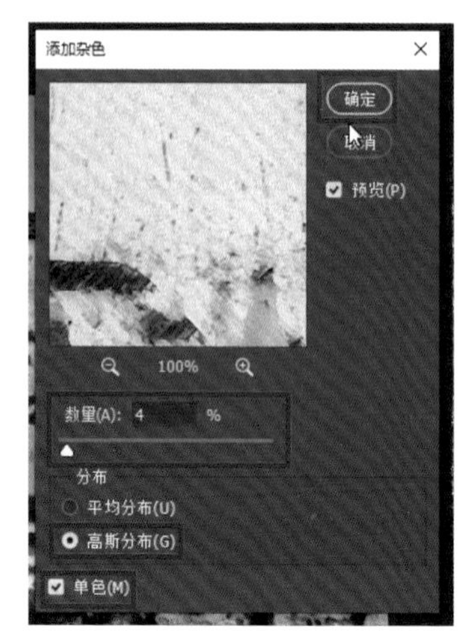

添加杂色
确定
取消
预览(P)
100%
数量(A): 4 %
分布
平均分布(U)
高斯分布(G)
单色(M)

图 8-45

第 9 章　夏日婺源

本章通过案例讲解夏日婺源的高调作品应该如何调整，作品调整前后的效果分别如图 9-1 和图 9-2 所示。

图 9-1

图 9-2

9.1 二次构图

我们先将照片在 Photoshop 中打开，如图 9-3 所示。我们可以观察到照片中没有明显的阳光，雾特别浓，主体也不够清晰。因此我们先对照片进行裁剪。选择裁剪工具，比例选择“1 : 1（方形）”，如图 9-4 所示。然后将树作为主体并把它们放在画面中合适的位置，如图 9-5 所示。

图 9-3

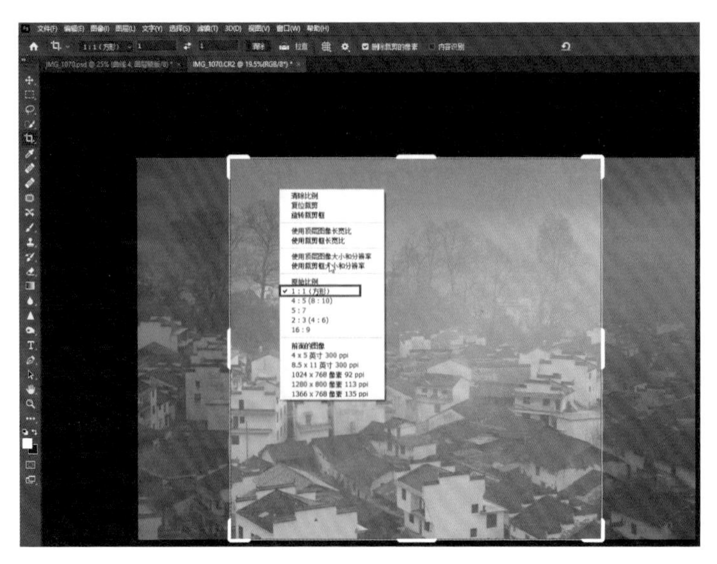

图 9-4

图 9-5

9.2 调整影调

我们对画面的影调进行调整。单击“曲线”，创建曲线蒙版调整图层，然后调节曲线，如图 9-6 所示。然后再次单击“曲线”，创建一个新的曲线蒙版调整图层，再次调节曲线，如图 9-7 所示。这一步操作主要是为了将主体也就是树选取出来。将主体选取出来之后，我们才能进行下一步操作。

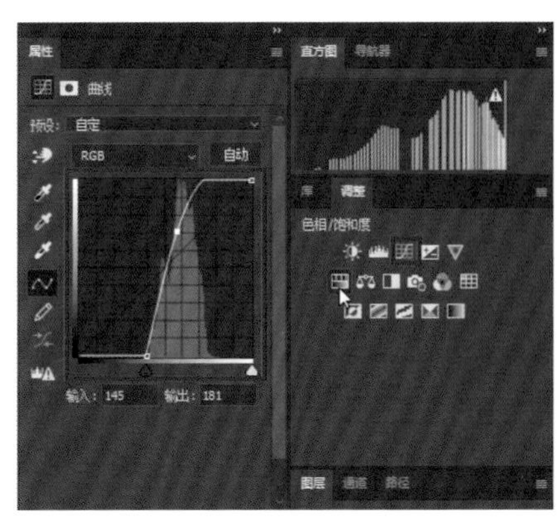

图 9-6

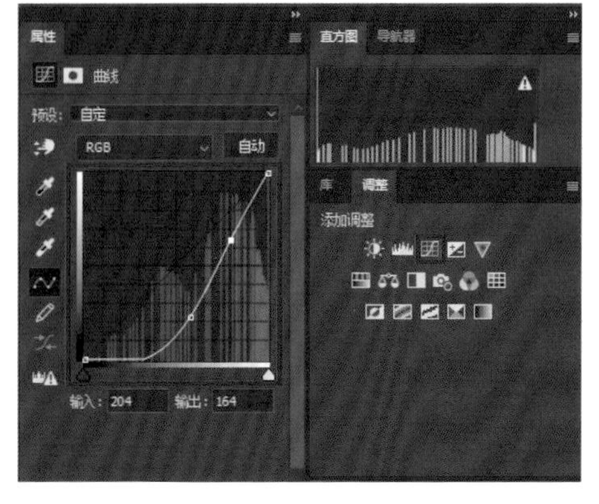

图 9-7

9.3 处理底部

我们观察照片会发现，树已经很清晰了，但照片的底部过度清晰了，如图 9-8 所示。因此我们单击“蒙版”，然后单击“反相”，使照片变得模糊一些，如图 9-9 所示。接着单击“渐变工具”，选择“径向渐变”，将前景色设为白色，“不透明度”调为 20%，如图 9-10 所示，对底部做径向渐变处理，使它稍微变得模糊一些。

图 9-8

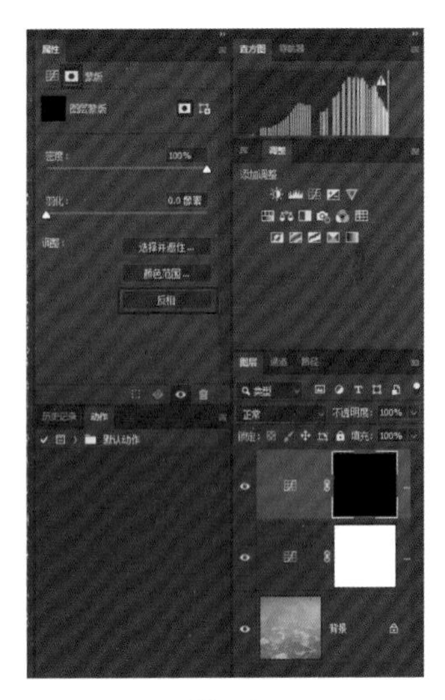
属性
直方图
图层蒙版
浓度：100%
羽化：0.0 像素
选择并遮住...
颜色范围...
反相
调整
添加调整
图层
正常
不透明度：100%
填充：100%
背景
历史记录
动作
默认动作

图 9-9

模式：正常
不透明度：20%
反向
仿色
透明区域
IMG_1070.psd @ 25% (曲线 4, 图层蒙版/8) *
IMG_1070.CR2 @ 19.5% (曲线 2, 图层蒙版/8) *

图 9-10

这时我们已经不需要保留颜色信息了，因此单击“色相 / 饱和度”，把“饱和度”设置为 -100，如图 9-11 所示。然后我们再单击“曲线”，新建一个曲线蒙版调整图层，从最暗部（曲线左下角的调整点）往上拉，如图 9-12 所示。这时可以得到高调的画面，如图 9-13 所示。

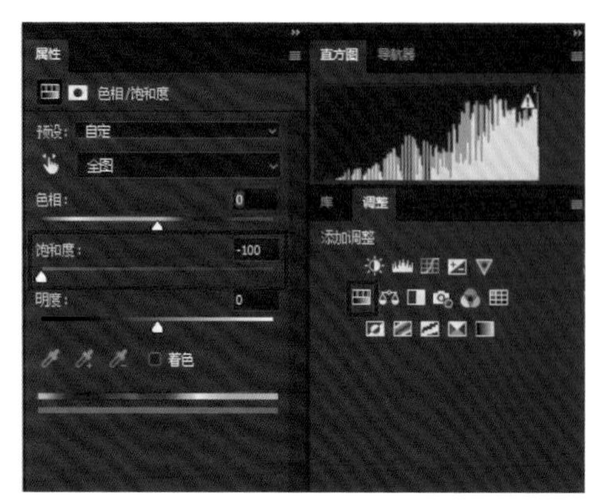

图 9-11

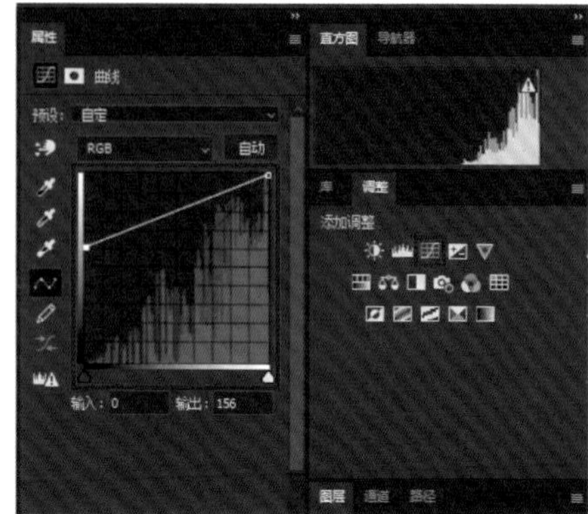

图 9-12

图 9-13

9.4　处理屋顶

我们将前景色设为黑色，使用径向渐变工具对主体进行还原，如图 9-14 所示。将主体还原完后，我们发现陪体太灰了，而屋顶还是比较有特色的，如图 9-15 所示。这时我们选中“背景”图层，如图 9-16 所示。

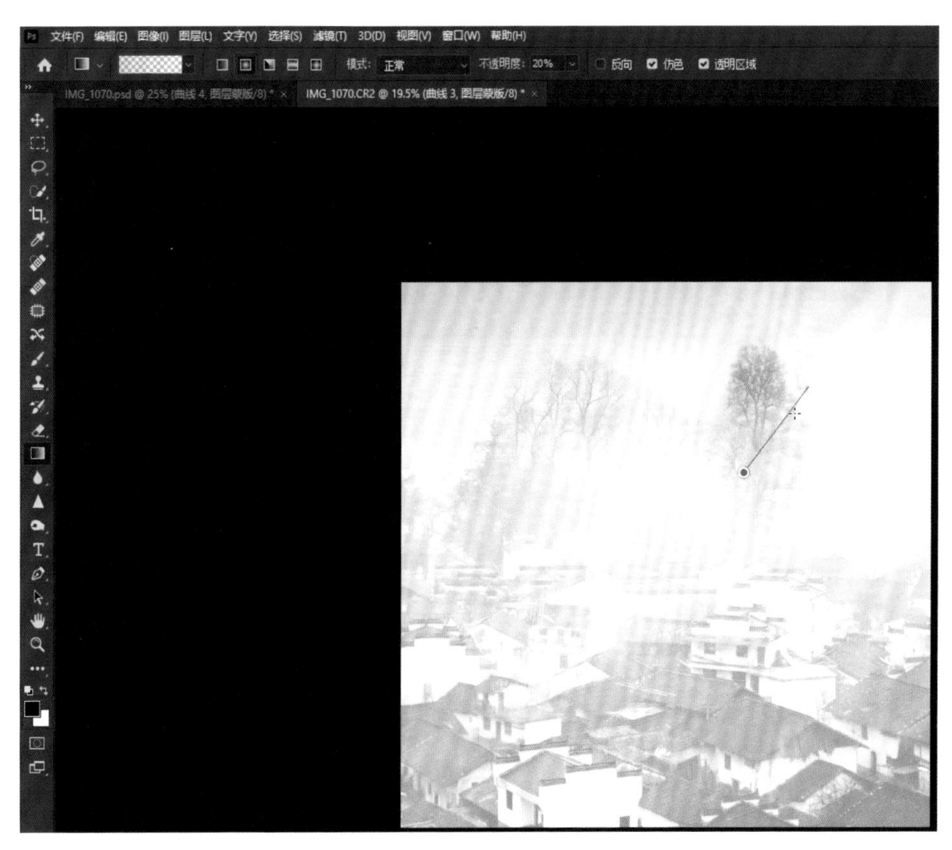

图 9-14

然后我们单击“曲线”，创建曲线蒙版调整图层，单击“蒙版”，然后单击“颜色范围”，如图 9-17 所示。我们利用吸管工具吸取屋顶的颜色，然后单击“确定”，如图 9-18 所示。我们把曲线调整图层移到“图层”面板的最上方，如图 9-19 所示。

图 9-15

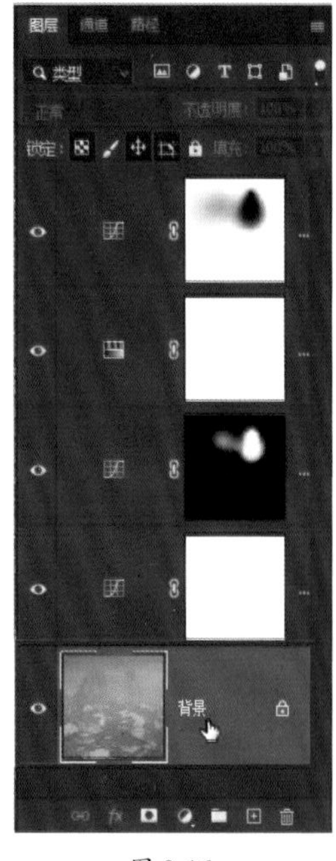

图 9-16

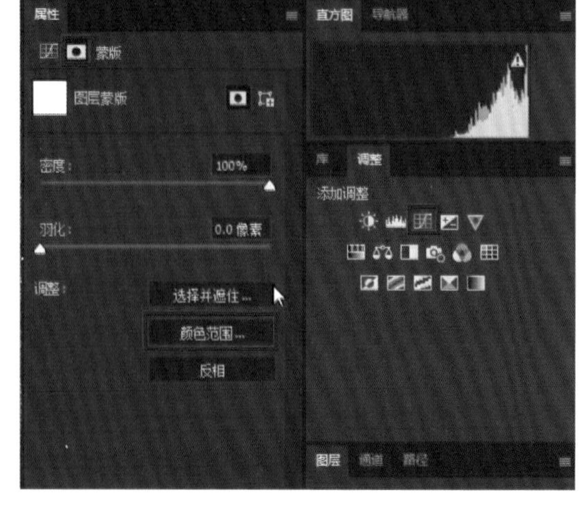

图 9-17

图 9-18

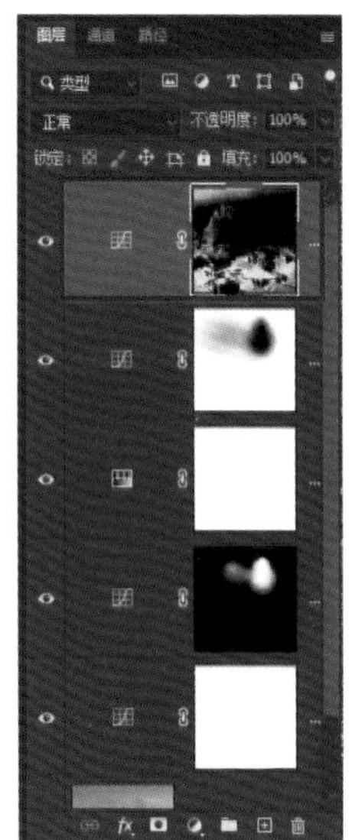

图 9-19

9.5 处理暗部

我们通过调节曲线将暗部压暗，如图 9-20 所示，让屋顶的细节更加明显。通过观察照片我们会发现，很多不需要压暗的地方都被压暗了，如图 9-21 所示。我们可以利用“画笔工具”配合黑色的前景色，通过涂抹将不需要压暗的地方还原，如图 9-22 所示。

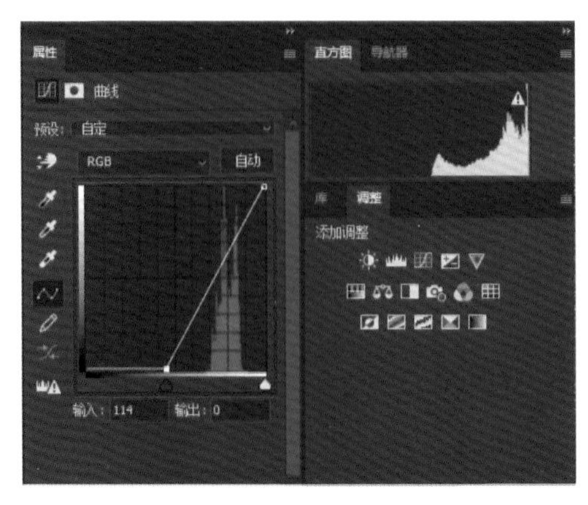

图 9-20

图 9-21

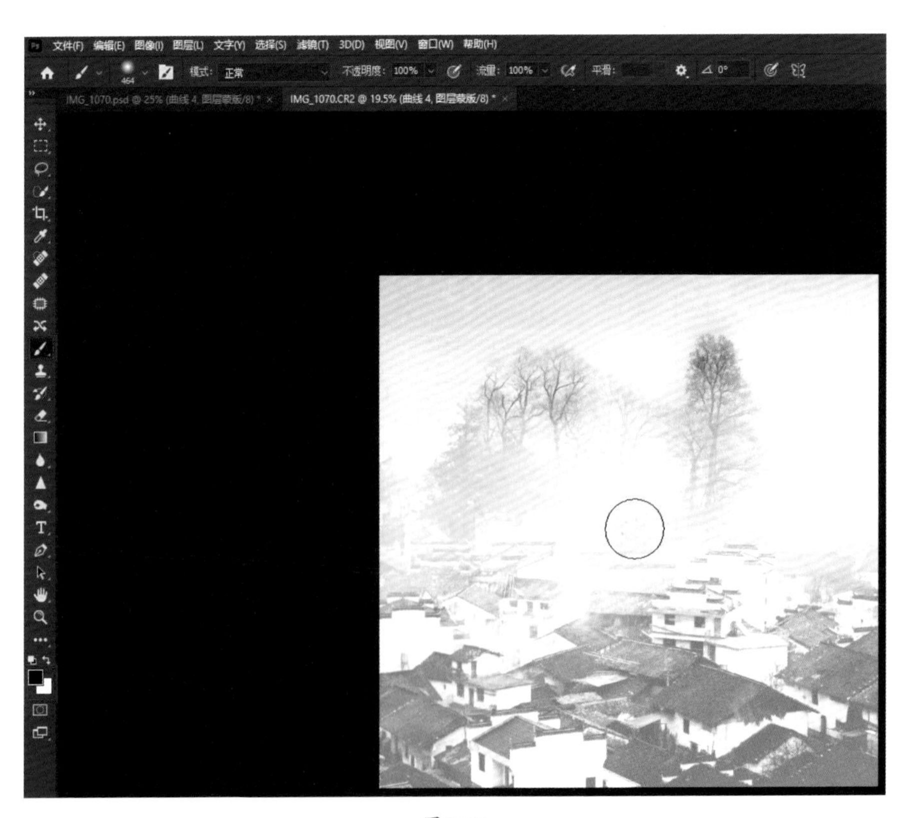

文件(F) 编辑(E) 图像(I) 图层(L) 文字(Y) 选择(S) 滤镜(T) 3D(D) 视图(V) 窗口(W) 帮助(H)
464
模式: 正常
不透明度: 100%
流量: 100%
平滑:
0°
IMG_1070.psd @ 25% (曲线 4, 图层蒙版/8) *
IMG_1070.CR2 @ 19.5% (曲线 4, 图层蒙版/8) *

图 9-22

9.6 突出高调

我们单击“渐变工具”，选择“径向渐变”，去掉画面中多余的黑色部分，如图 9-23 所示。然后我们单击右下角的“创建新图层”按钮，创建一个透明图层，如图 9-24 所示。将前景色设为白色，“不透明度”设为 21%，使用“画笔工具”再次对画面的高调部分进行涂抹，同时擦除不需要的黑色部分，如图 9-25 所示，保留我们需要的细节。

图 9-23

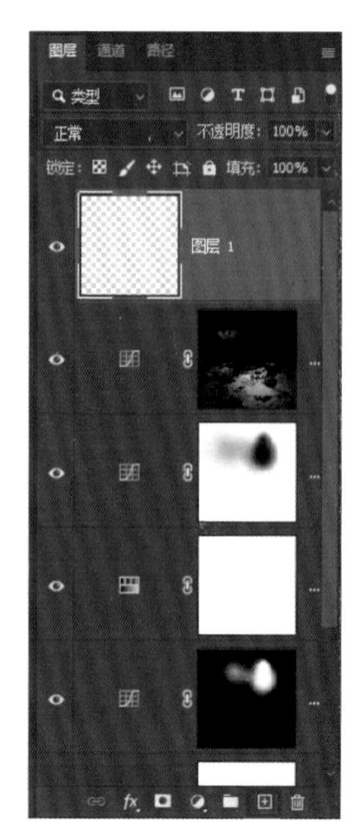
图层
通道
路径
类型
正常
不透明度：100%
锁定：
填充：100%
图层 1

图 9-24

模式：正常
不透明度：21%
流量：100%
平滑：
IMG_1070.CR2 @ 19.5% (图层 1, RGB/8*) *

图 9-25

9.7　再次调整影调

至此，照片就调整得差不多了，如图 9-26 所示，但我们还需要对照片整体的影调进行调整。因此单击“曲线”，创建新的曲线蒙版调整图层，压暗暗部，提亮高光，如图 9-27 所示，确定最终的影调。最后拼合图像，如图 9-28 所示。

图 9-26

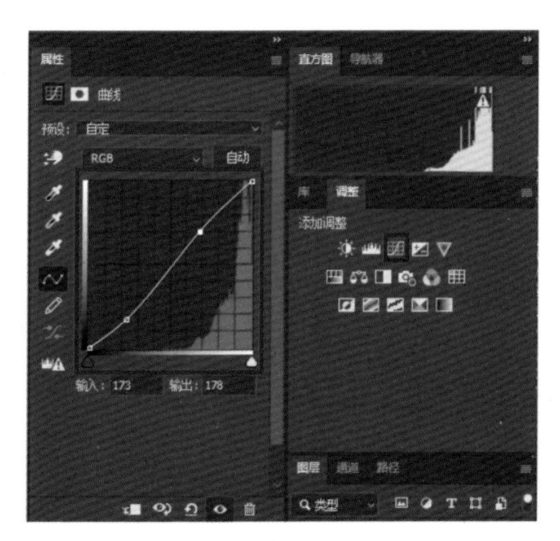

图 9-27

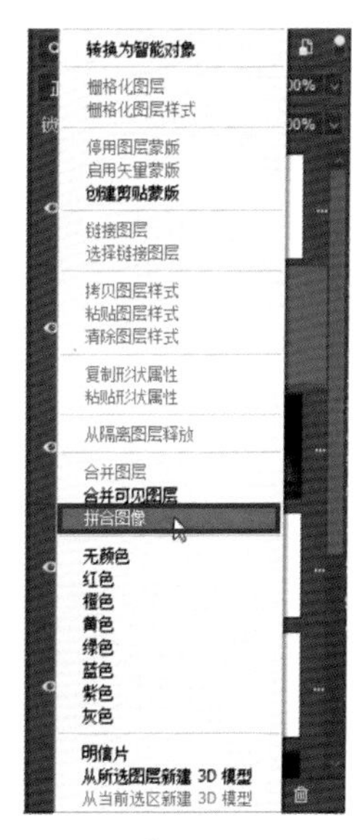

图 9-28

9.8 添加杂色

我们单击菜单栏中的“滤镜”，选择“杂色”，再选择“添加杂色”，如图 9-29 所示。在弹出的对话框中将数量设置为 1%，然后单击“确定”，如图 9-30 所示。至此，一张夏日婺源的高调作品就制作完成了，最后我们保存照片即可。

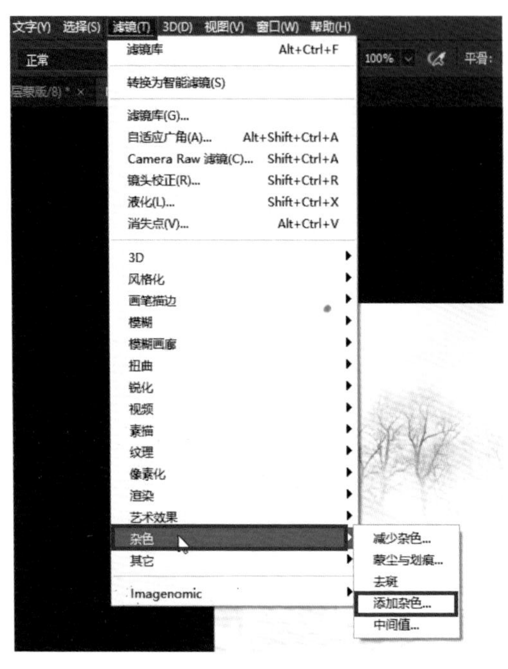

图 9-29

图 9-30

第 10 章　延时摄影

本章讲解延时摄影的拍摄和视频制作方法。

10.1　前期拍摄

延时摄影的前期拍摄需要注意以下几点。首先我们要找到一个好的机位，然后用三脚架固定相机。固定完以后，一定要校正水平。之后接上快门线，把相机设置成光圈优先。需要注意的是，一定要设置成光圈优先，不能设置成 M 挡，如果设置成 M 挡，画面会随着光线的变化而过曝或欠曝。将相机设置成光圈优先之后，把光圈值调到最大，然后将测光模式设置为平均测光，这样就不会因为某一个点突然很亮，整个画面的曝光失去平衡。最后要调整的就是快门线的间隔拍摄时长。如果我们想让画面动得比较快，那么间隔拍摄时长就可以设置得长一点；如果我们想让画面动得比较慢，就可以将间隔拍摄时长设置得短一点。

10.2　制作视频

导入照片

下面讲解视频的制作。打开 Photoshop，单击菜单栏中的“文件”，然后单击“打开为”，如图 10-1 所示。选择一张照片，勾选“图像序列”复选框，然后单击“打开”，如图 10-2 所示。在弹出的“帧速率”对话框中，将帧速率设为 24fps，单击“确定”，如图 10-3 所示。

图 10-1

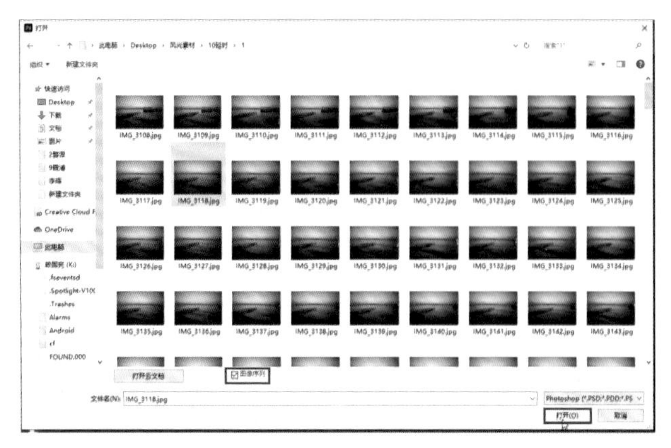

图 10-2

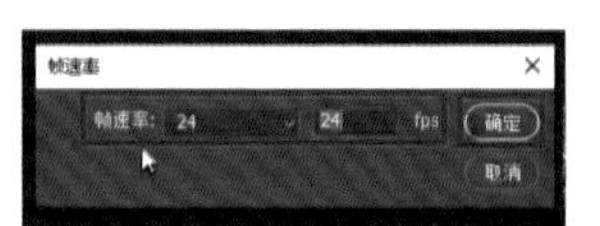

图 10-3

然后会生成一个视频组，如图 10-4 所示。我们单击菜单栏中的“窗口”，然后选择“时间轴”，如图 10-5 所示，就可以在视频下方看到“时间轴”面板。这时我们按空格键，视频就可以播放，视频图层上方是渲染进度条，绿色部分代表完成渲染的视频部分，如图 10-6 所示。视频播放完，视频也就渲染完成了。

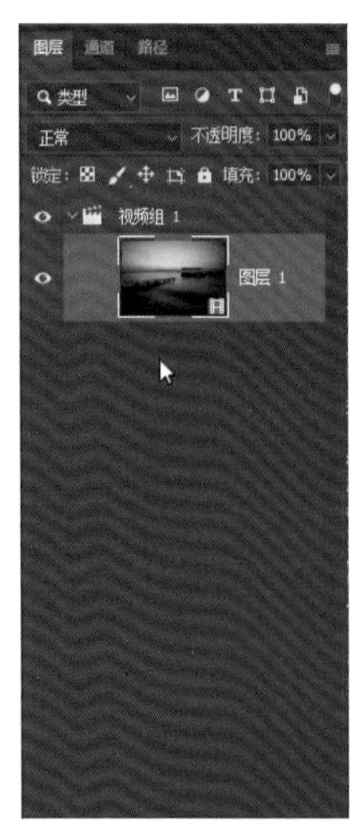

图 10-4

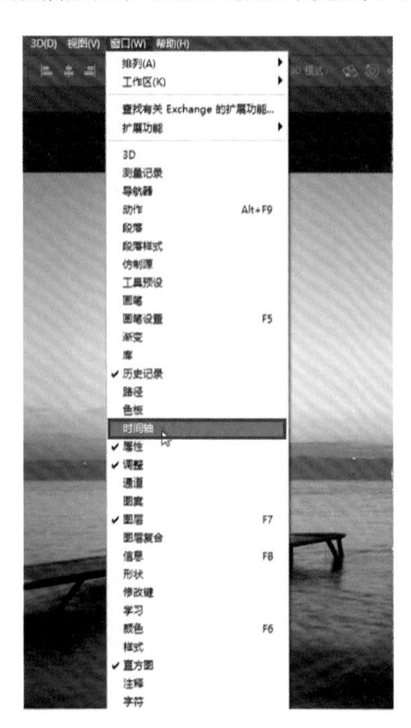

图 10-5

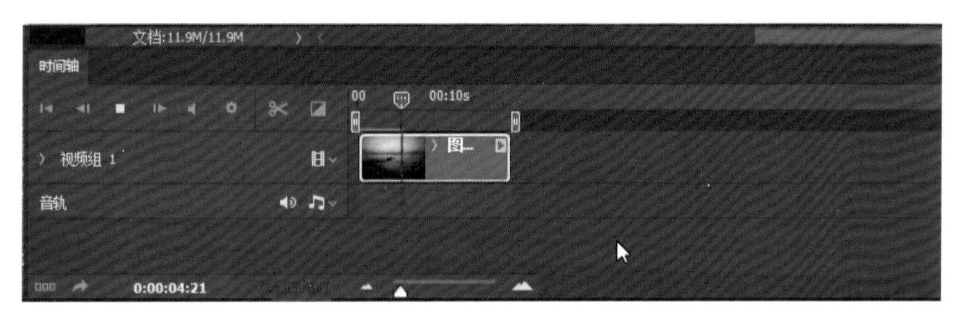

图 10-6

调整并转换视频

我们对视频进行调整。可以看到视频四周存在暗角，暗部的细节不够清晰，如图 10-7 所示。因此我们单击视频组旁边的按钮，如图 10-8 所示。然后选择“转换为智能对象”，如图 10-9 所示，将视频组转换为智能对象。

图 10-7

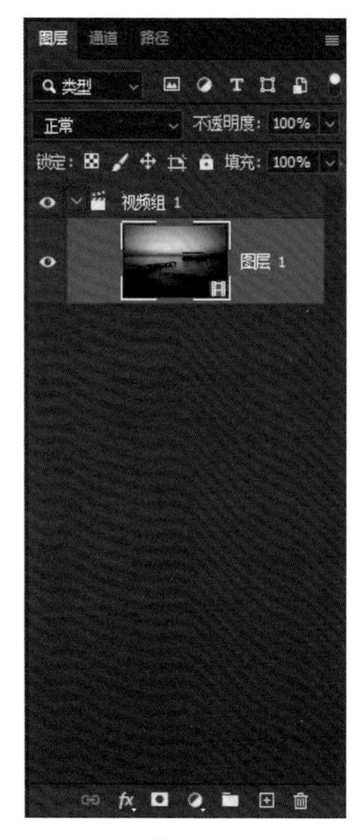

图 10-8

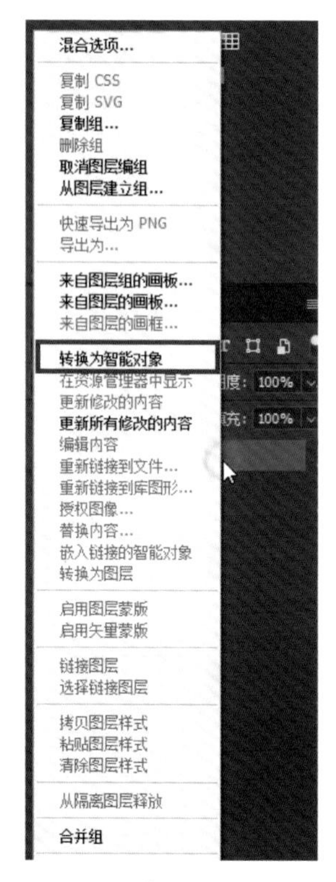

图 10-9

导入Camera Raw滤镜

我们选中“视频组 1”，如图 10-10 所示，单击菜单栏中的“滤镜”，选择“Camera Raw 滤镜”，如图 10-11 所示。这时视频组就会被导入 Camera Raw 滤镜，如图 10-12 所示。

图 10-10

图 10-11

图 10-12

我们在右侧的面板中展开“基本”面板，调整各参数的设置，如图 10-13 所示，然后我们展开“光学”面板，将晕影设置为 +50，如图 10-14 所示。此时画面中的暗角基本上就被去除了，如图 10-15 所示。

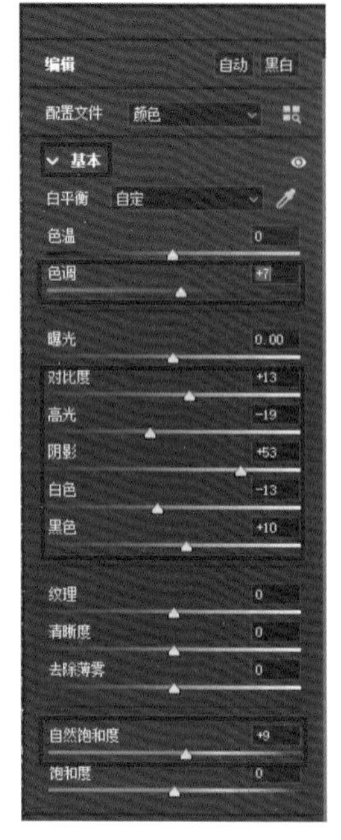

图 10-13

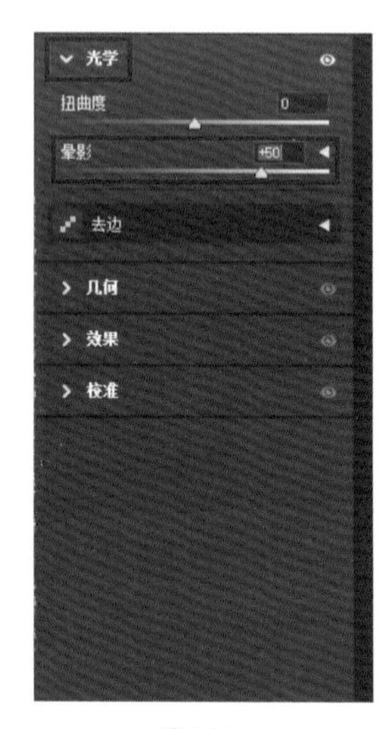

图 10-14

图 10-15

然后我们再对画面进行降噪。展开“细节”面板，将“杂色深度减低”的滑块向右移动，这样可以有效去除画面中的色噪，如图 10-16 所示。然后单击“确定”，如图 10-17 所示。此时回到 Photoshop 界面，如图 10-18 所示。

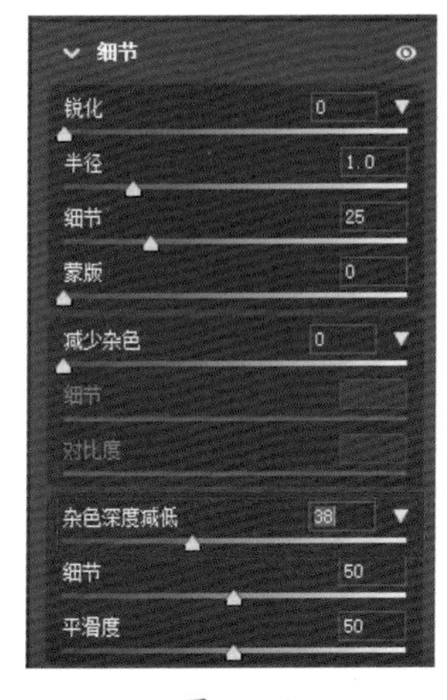

图 10-16

图 10-17

图 10-18

添加并调整音乐

这时我们再按空格键播放视频，视频会播放得比较慢，如图 10-19 所示，因为视频正在被渲染。此时我们也可以通过时间轴查看视频画面，如图 10-20 所示。

图 10-19

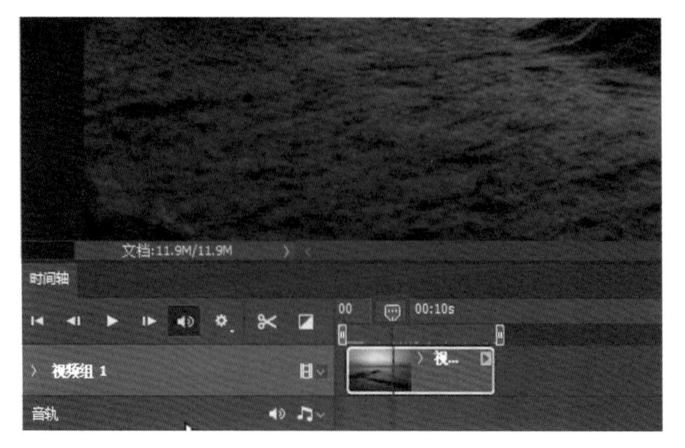

图 10-20

我们还需要为视频配上音乐。单击音轨上的按钮，然后选择“添加音频”，如图 10-21 所示，在计算机中找到并选中所需的音乐，单击“打开”，如图 10-22

所示。我们发现这段音乐比较长，此时可以将鼠标指针放在音轨的最右端，然后将其往回拉，使音乐和视频更好地匹配，如图 10-23 所示。

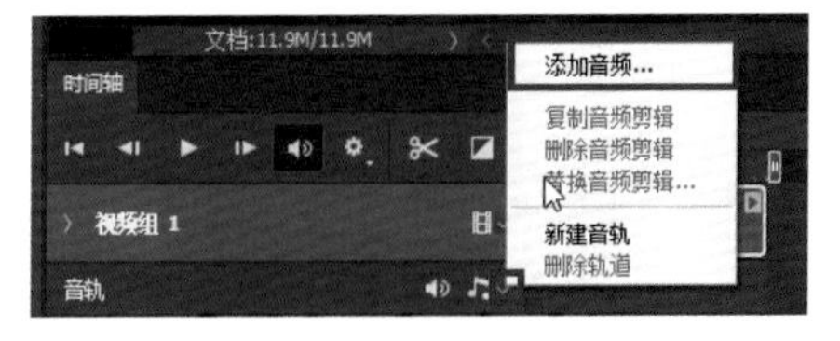

图 10-21

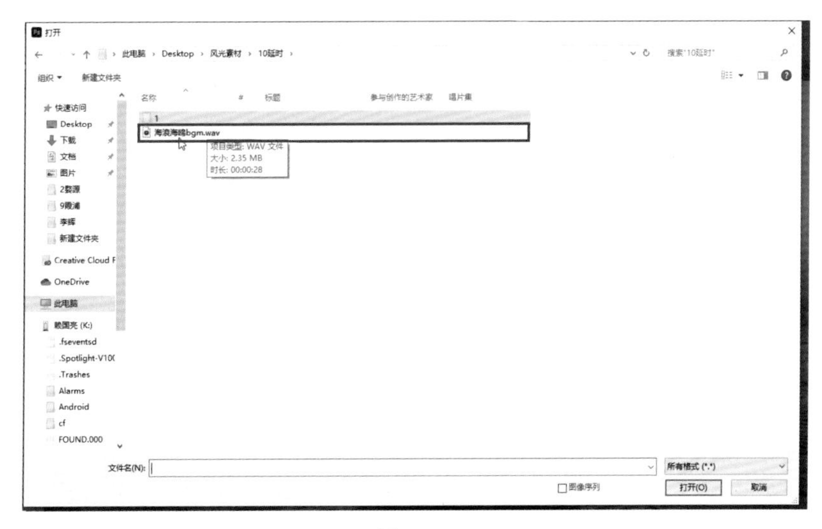

图 10-22

然后我们对音乐进行调整，将音量调整为合适的大小，将淡入和淡出都设置为 2 秒，如图 10-24 所示。设置完成后我们对视频进行裁剪，选择裁剪工具，选择“16:9”的比例进行裁剪，如图 10-25 所示，最后双击保存裁剪效果，如图 10-26 所示。

图 10-23

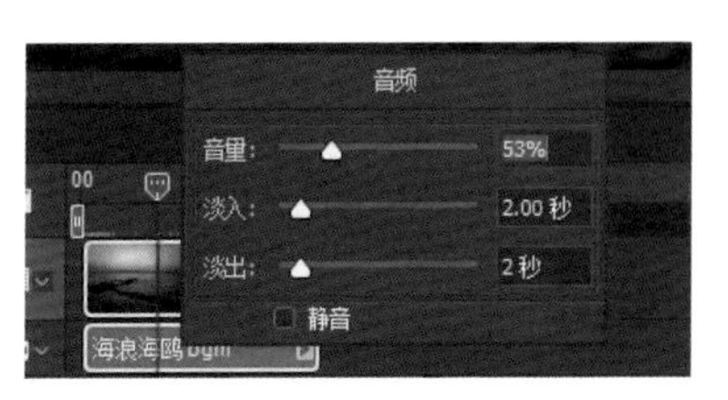

图 10-24

图 10-25

图 10-26

导出视频

最后我们要导出视频。单击菜单栏中的“文件”，选择“导出”，再选择“渲染视频”，如图 10-27 所示。在弹出的对话框中单击“选择文件夹”选择合适的位置，然后“大小”选择 1920×1080，“格式”选择 H. 264，“预设”选择高品质。最后单击“渲染”，如图 10-28 所示，计算机就会自动导出视频，如图 10-29 所示。

图 10-27

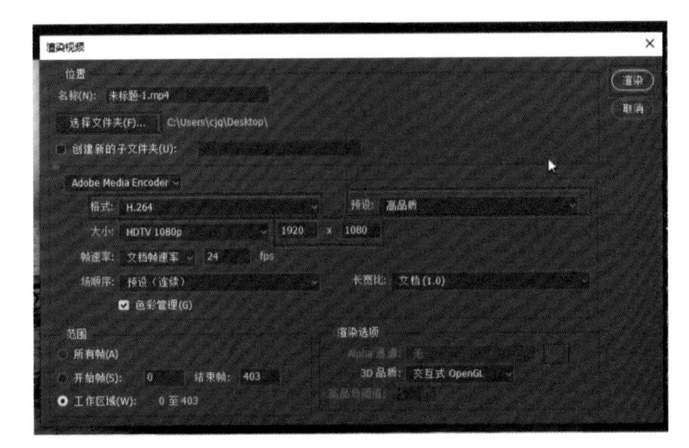

图 10-28

图 10-29

第 11 章　元阳梯田

本章通过案例讲解如何使元阳梯田的照片具有艺术感，处理前后的效果如图 11-1 和图 11-2 所示。

图 11-1

图 11-2

11.1　分析照片

我们将照片在 Photoshop 中打开，如图 11-3 所示。这张照片整体发白，又因为没有拍摄到彩霞，所以整个画面比较平淡，艺术感也不够。下面我们将这张照片制作成一张具有艺术感的摄影作品。

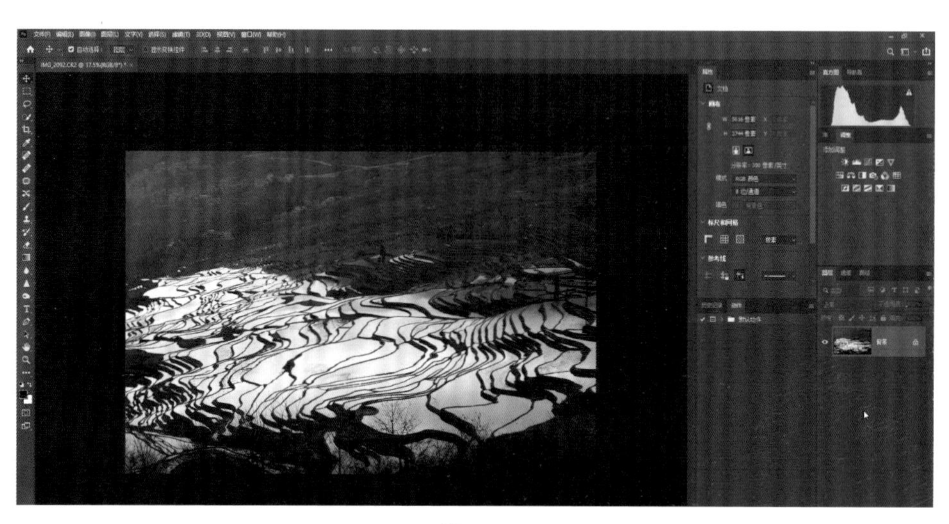

图 11-3

11.2　调整影调

首先对影调进行调整。我们在合成天空的时候，首先要注意的就是必须把画面中的黑和白做一个比较明显的区分，因此单击“曲线”，创建新的曲线蒙版调整图层，如图 11-4 所示。然后把混合模式更改为“正片叠底”，如图 11-5 所示。然后调节曲线将画面中的暗部还原一些，使暗部不会出现死黑的情况，再把高光提高一点，如图 11-6 所示。

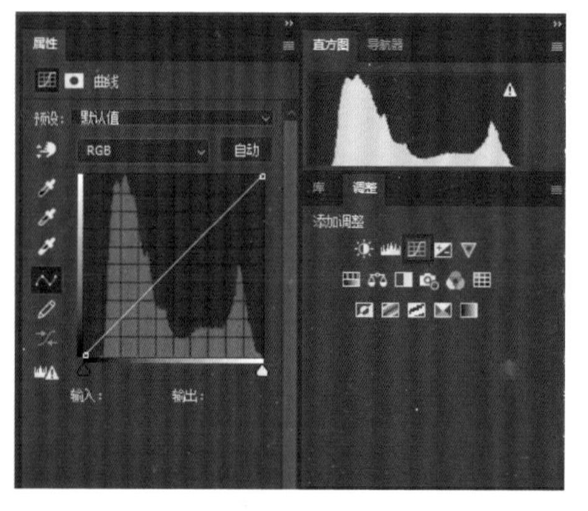

图 11-4

图 11-5

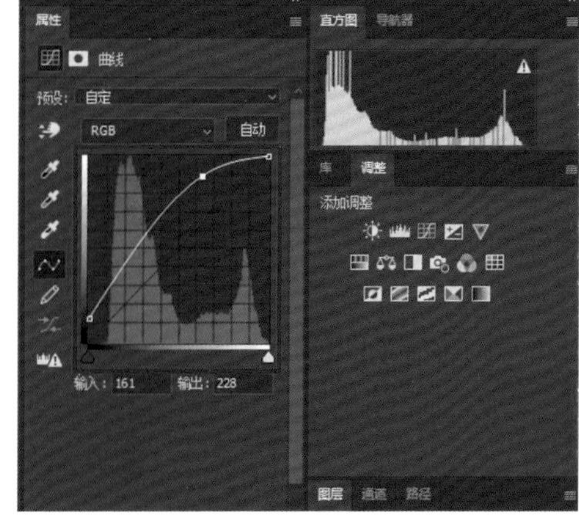

图 11-6

11.3 合成照片

此时的画面中黑白会比较分明，如图 11-7 所示。我们用鼠标右键单击背景图层并选择“拼合图像”，如图 11-8 所示。然后我们找一张天空的素材导入 Photoshop 中，如图 11-9 所示。

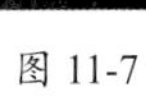

图 11-7

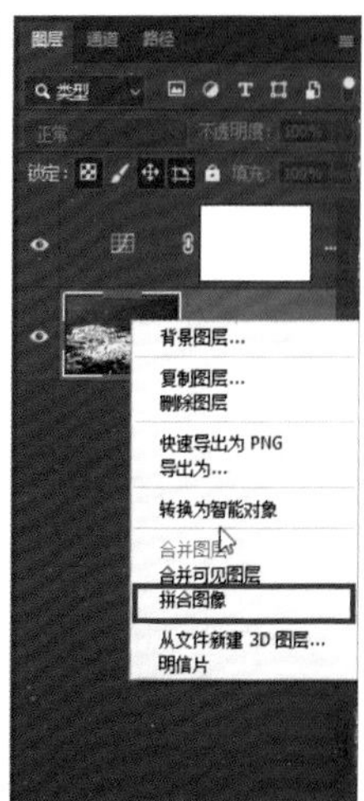

图 11-8

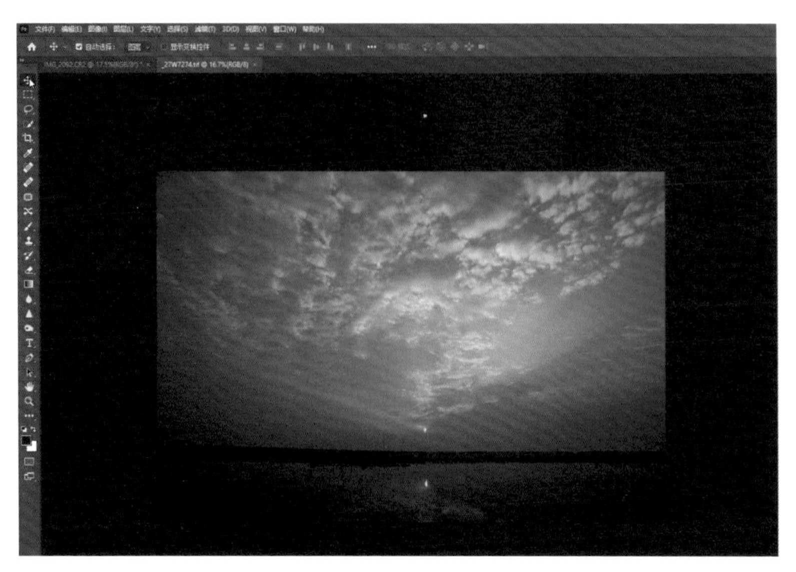

图 11-9

我们使用“移动工具”，按住鼠标左键将天空素材拖移到原先的画面中，如图 11-10 所示。然后将混合模式更改为“正片叠底”，如图 11-11 所示。更改完之后会发现水面上天空的倒影是正的，但倒影应该是倒过来的，如图 11-12 所示，所以我们要对素材进行旋转。

图 11-10

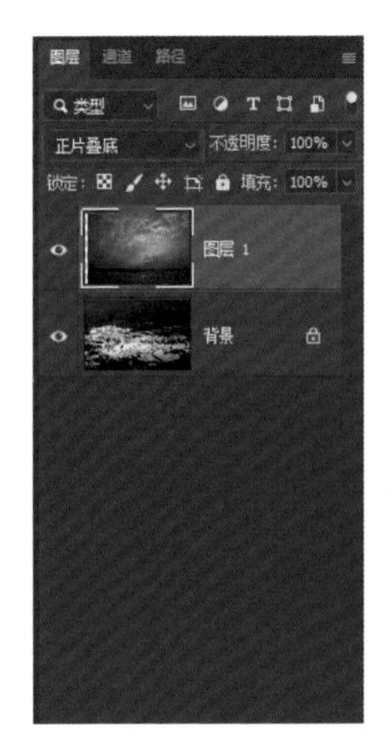

图 11-11

图 11-12

我们单击菜单栏中的“编辑”，选择“自由变换”，如图 11-13 所示。把素材旋转到合适的角度，如图 11-14 所示。然后把素材稍微放大，使太阳的倒影呈现在水面上，如图 11-15 所示。双击鼠标保存，这时素材已经和原先的照片合成了。

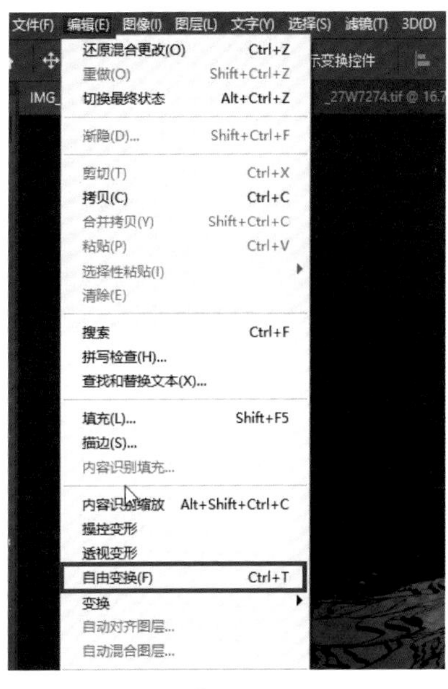

图 11-13

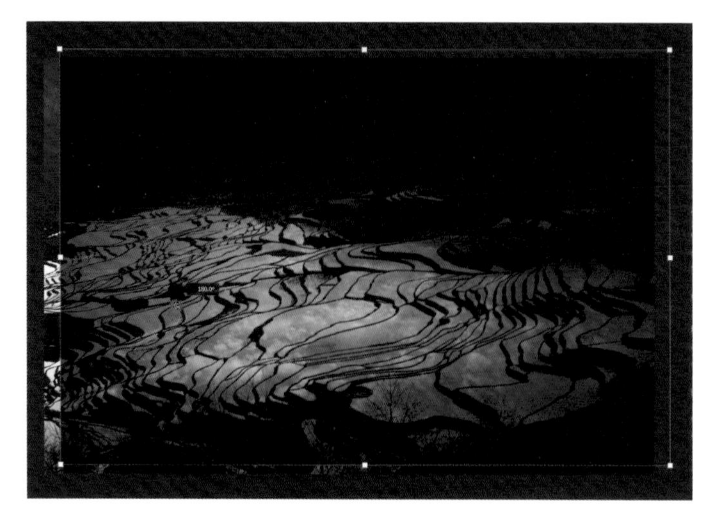

图 11-14

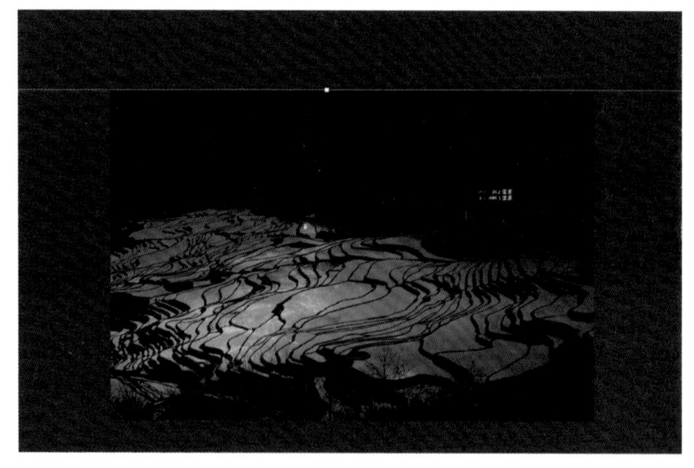

图 11-15

11.4 模糊处理

水面上的倒影太清晰了，如图 11-16 所示，而水面上一般不会有这么清晰的倒影，所以我们要对素材进行模糊处理。选中“图层 1”，如图 11-17 所示。然后单击菜单栏中的“滤镜”，选择“模糊”，再选择“高斯模糊”，如图 11-18 所示。

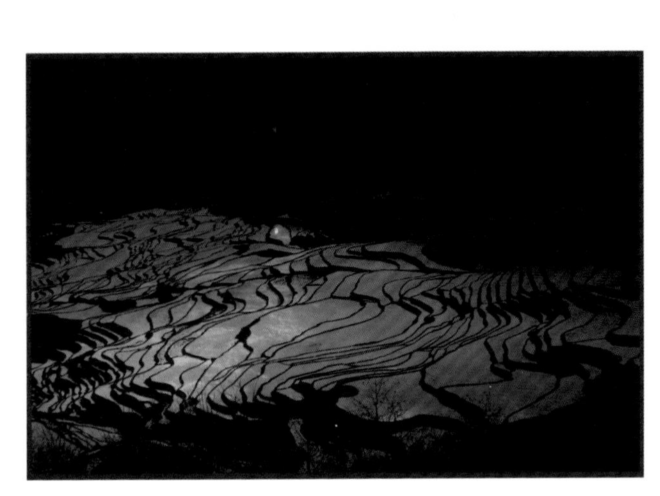

图 11-16

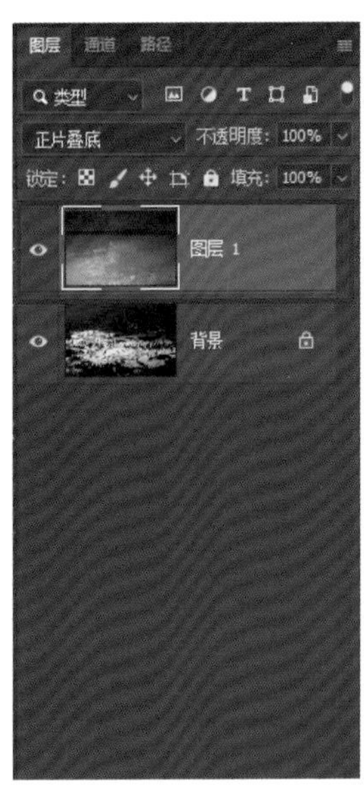

图 11-17

在弹出的对话框中，将“半径”设置为 10.0 像素，然后单击“确定”，如图 11-19 所示。得到的效果如图 11-20 所示。

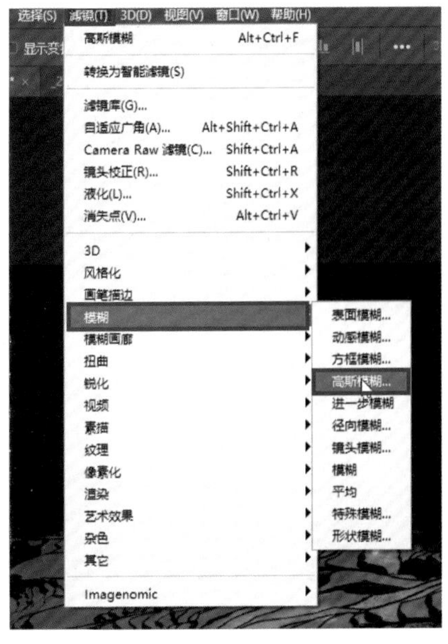

图 11-18

图 11-19

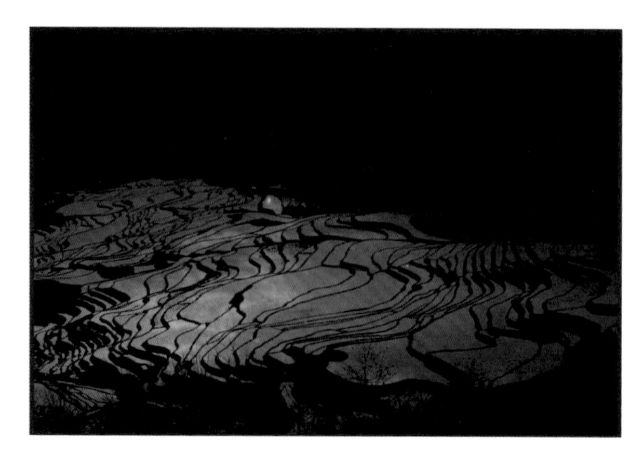

图 11-20

11.5 处理暗部

我们选中“图层 1”，单击“图层”面板右下角的“添加蒙板”按钮，新建一个图层蒙版，如图 11-21 所示。将前景色设为黑色，选择“渐变工具”，使用“线性渐变”，将“不透明度”设置为 40%，将天空中的暗部的细节还原，如图 11-22 所示。因为梯田中的暗部不好直接处理，所以单击鼠标右键选择“混合选项”，如图 11-23 所示，按住“Alt”键，将“下一图层”中左侧滑块右边的小三角往右拉一些，这样暗部的细节会有更多还原。最后单击“确定”，如图 11-24 所示。

图 11-21

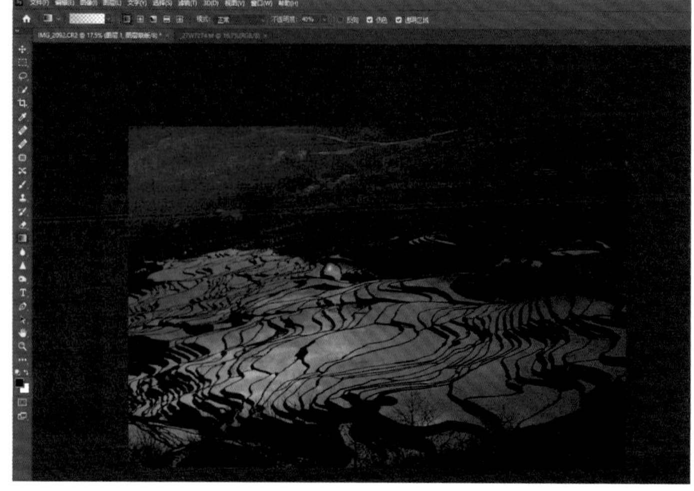

图 11-22

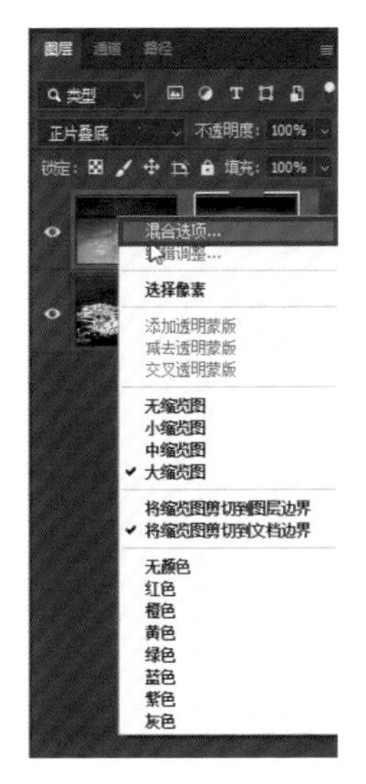

图 11-23

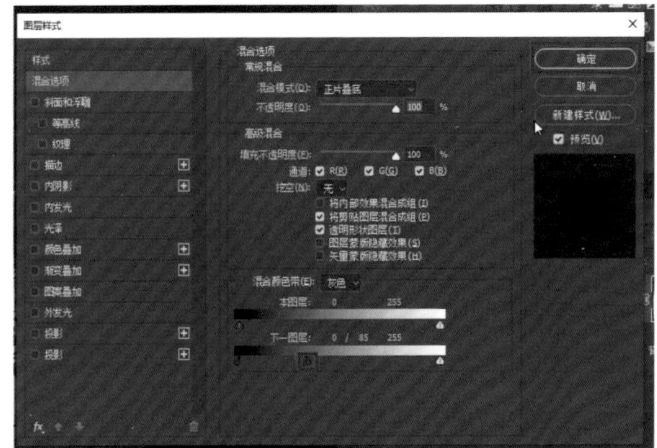

图 11-24

11.6 压暗处理

我们继续观察照片会发现左上角比较亮，如图 11-25 所示。因此单击“曲线”，创建曲线蒙版调整图层，通过调整曲线对照片进行压暗，如图 11-26 所示。然后单击“蒙版”，然后单击“反相”，如图 11-27 所示。

图 11-25

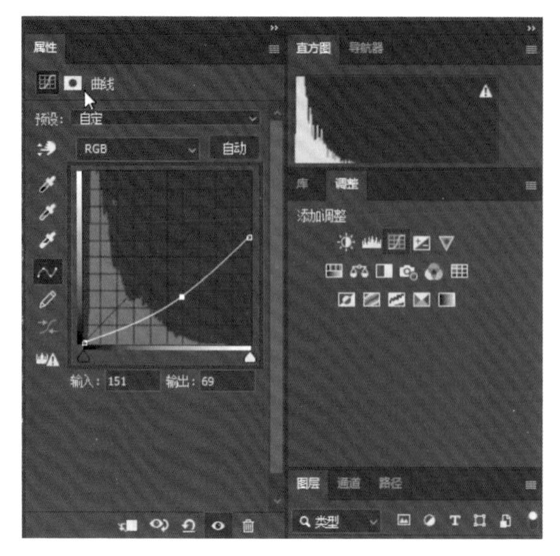

图 11-26

图 11-27

然后我们选择线性渐变，将前景色设为白色，对照片左上角过亮的地方添加渐变，将它压暗，如图 11-28 所示。再用鼠标右键单击背景图层并选择“拼合图像”，如图 11-29 所示。

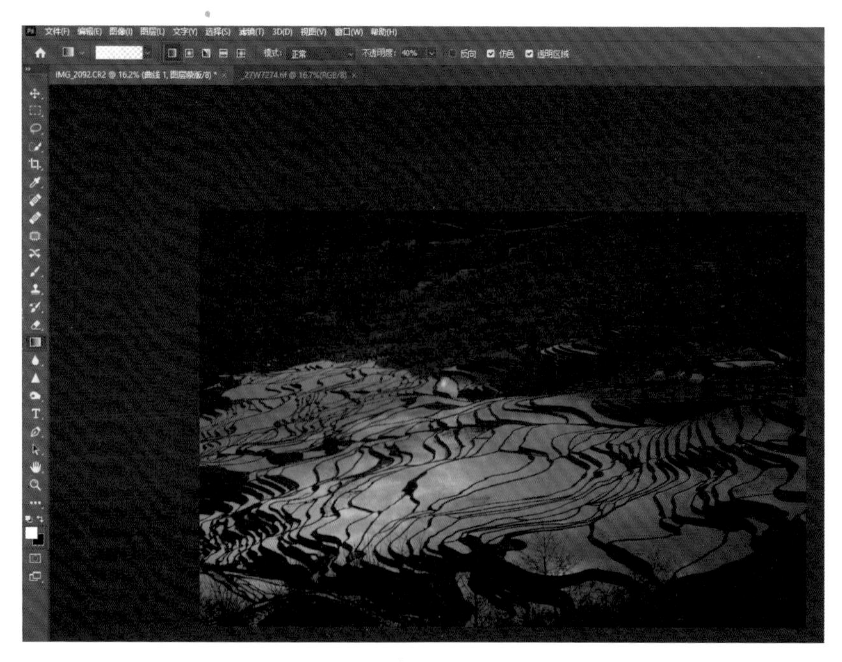

图 11-28

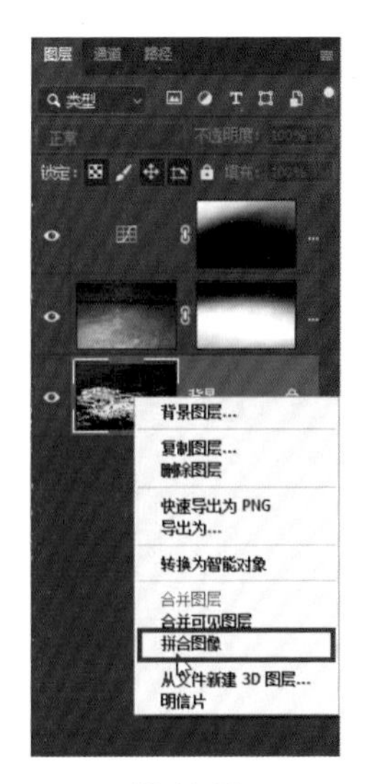

图 11-29

11.7 调整水面

我们继续观察照片会发现水面亮度不够高，如图 11-30 所示。因此单击“曲线”，创建曲线蒙版调整图层，通过调节曲线对高光进行提亮，对暗部进行压暗，以提高画面的对比度，如图 11-31 所示。这时要注意观察直方图，如图 11-32 所示，不要因为对比过大而造成细节的丢失。

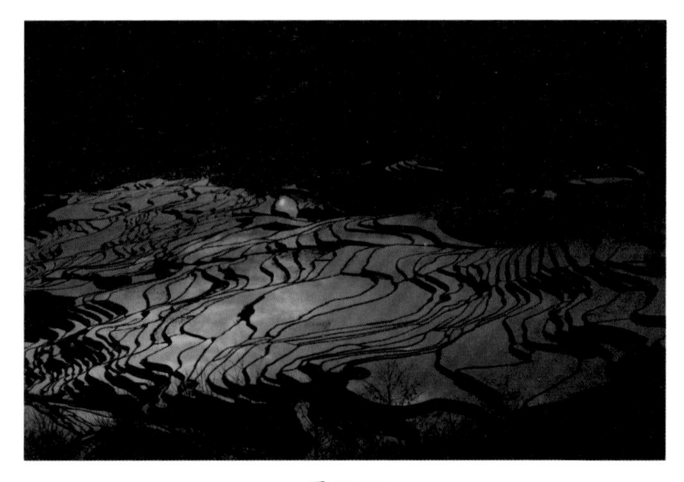

图 11-30

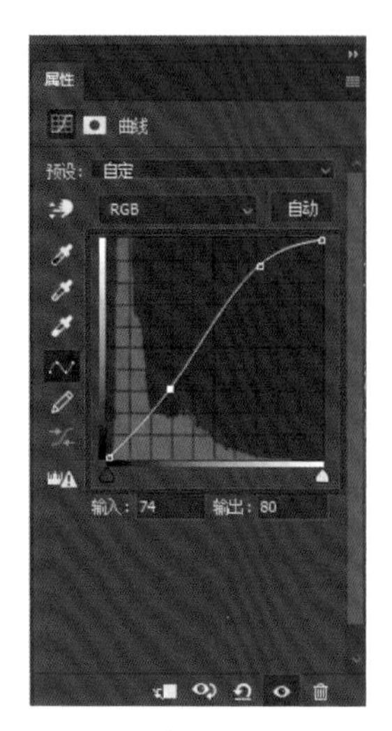

图 11-31

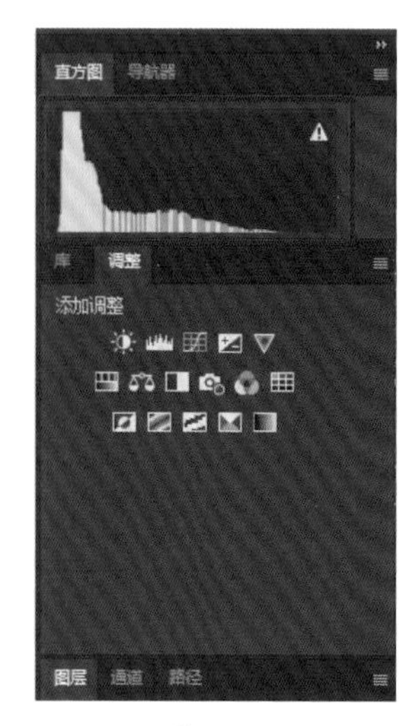

图 11-32

11.8 裁剪照片

我们调整完水面之后，单击鼠标右键并选择“拼合图像”，如图 11-33 所示。这时我们会发现照片上方的部分还是太多了，如图 11-34 所示，因此单击“裁剪工具”，选择“16：9”，如图 11-35 所示，将上面多余的部分裁剪掉。

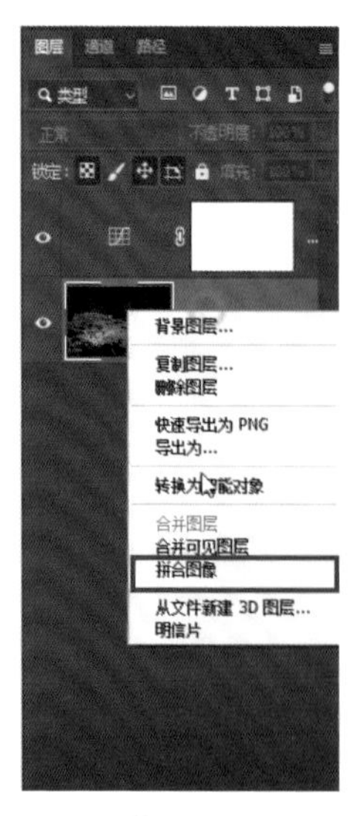

图 11-33

图 11-34

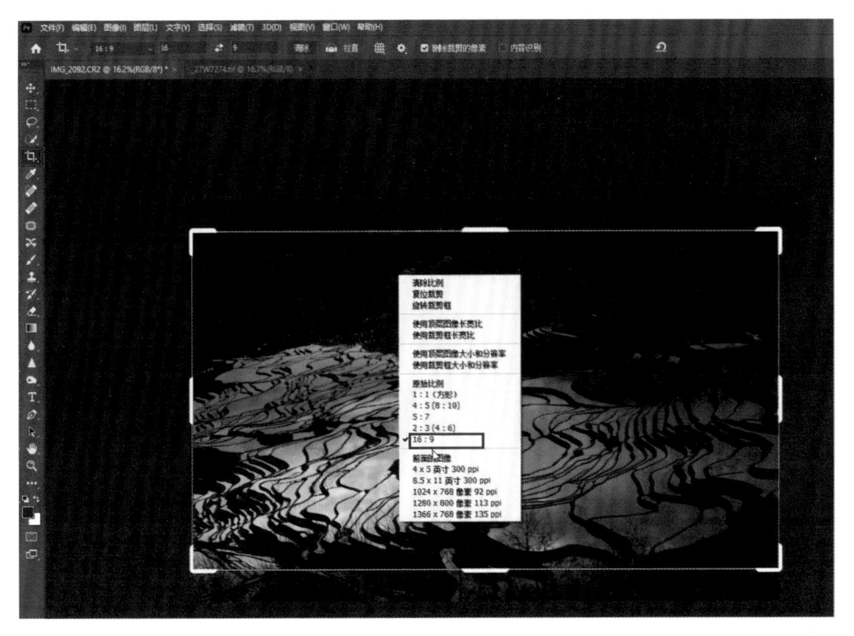

图 11-35

11.9 调节颜色

我们将照片裁剪完之后，双击保存裁剪效果，如图 11-36 所示。然后我们对整个画面的颜色进行调节。单击“色相 / 饱和度”，提高“饱和度”值，如图 11-37 所示，此时我们会发现照片中的蓝色过于饱和了，如图 11-38 所示。

图 11-36

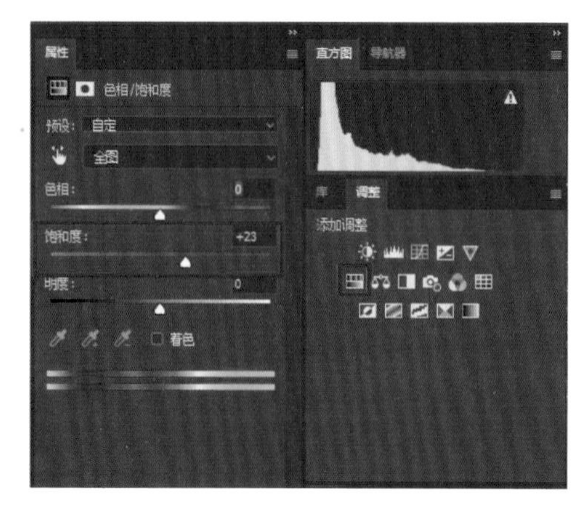

图 11-37

图 11-38

我们使用吸管工具，选取画面中的蓝色，将蓝色的“饱和度”降低一些，“明度”也降低一些，如图 11-39 所示，以达到平衡。然后用鼠标右键单击背景图层并选择“拼合图像”，如图 11-40 所示。随后我们单击“亮度 / 对比度”，调节亮度和对比度参数，如图 11-41 所示，然后拼合图像。这样元阳梯田的照片就制作完成了，最后保存照片即可。

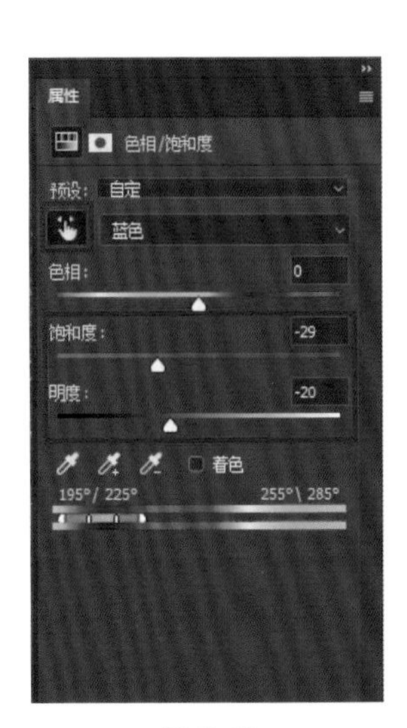

图 11-39

图 11-40

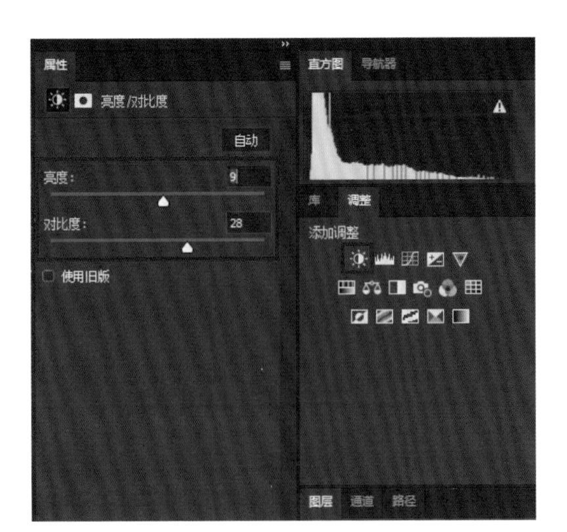

图 11-41

第 12 章　雪山风光

图 12-1

本章通过案例讲解雪山风光照片的处理方法，照片处理前后的效果如图 12-1 和图 12-2 所示。

图 12-2

12.1 分析照片

首先我们将照片在 Photoshop 中打开，如图 12-3 所示。照片的整体影调比较灰，天空看起来稍微有一些过曝，照片底部很平淡，没有任何光影，但好在照片中主体比较明显。

图 12-3

12.2 调整天空

我们先对天空进行压暗。使用“快速选择工具”框选出天空的范围，如图 12-4 所示。然后单击“曲线”，新建一个曲线蒙版调整图层，如图 12-5 所示。再将混合模式更改为“正片叠底”，如图 12-6 所示，这时天空就会被压暗。

图 12-4

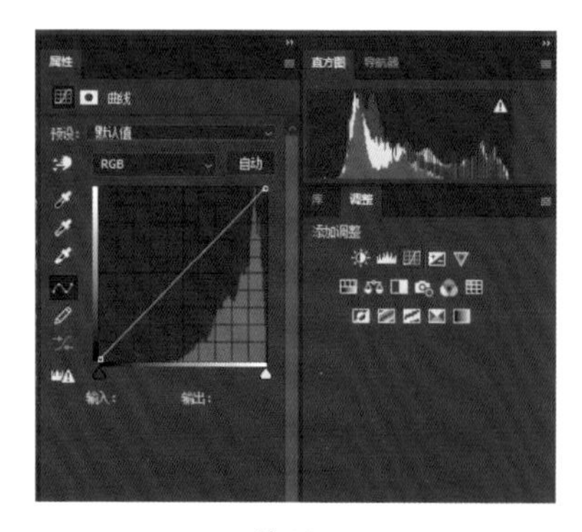

图 12-5

图 12-6

我们通过观察照片可以发现，天空还是不够暗，如图 12-7 所示。我们可以调节曲线，如图 12-8 所示，从而把天空压得更暗一些。这样天空中云朵的色彩就体现出来了，如图 12-9 所示。

图 12-7

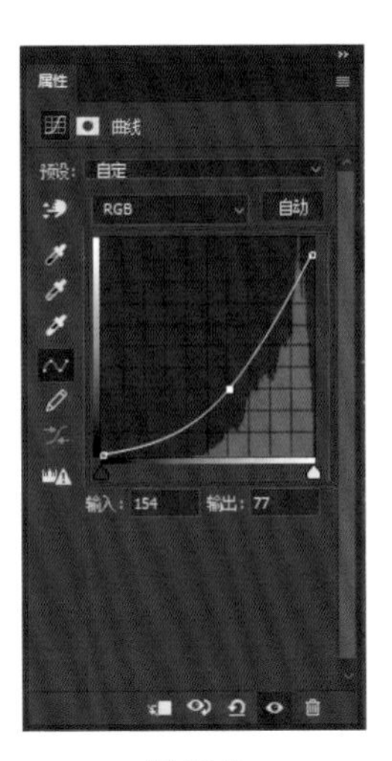

图 12-8

图 12-9

我们发现天空与雪山的边缘过渡还是挺明显的，因此可以单击“蒙版”，增加羽化的值，如图 12-10 所示。然后我们使用“渐变工具”，将前景色设为黑色，选择“径向渐变”，将“不透明度”设置为 33%，使雪山与天空的边缘过渡变得平滑一些，如图 12-11 所示。这样天空基本上就调整完成了，如图 12-12 所示。

图 12-10

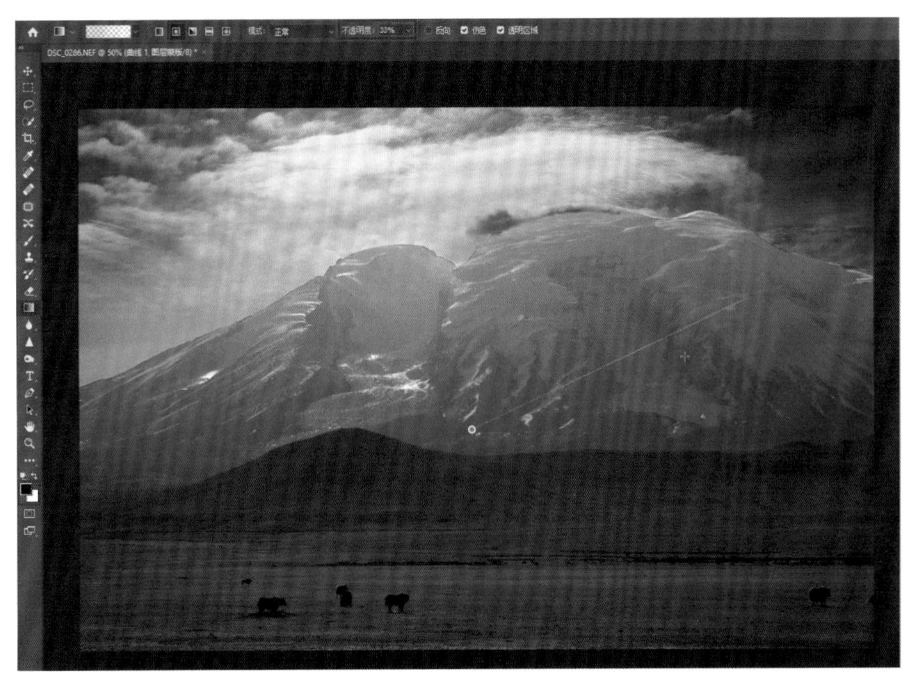

图 12-11

图 12-12

12.3 提高对比度

接下来我们调整照片中的其他部分。我们使用“快速选择工具”框选出除天空外的部分，如图 12-13 所示。然后单击“曲线”，新建曲线蒙版调整图层，调节曲线，如图 12-14 所示。最后将混合模式改为“柔光”来提高照片的对比度，如图 12-15 所示。

图 12-13

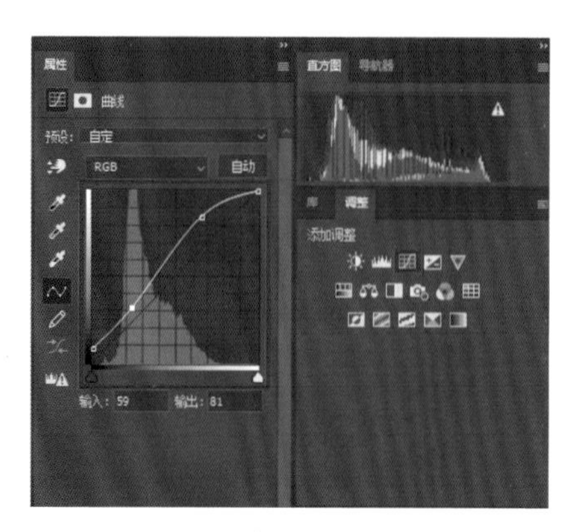

图 12-14

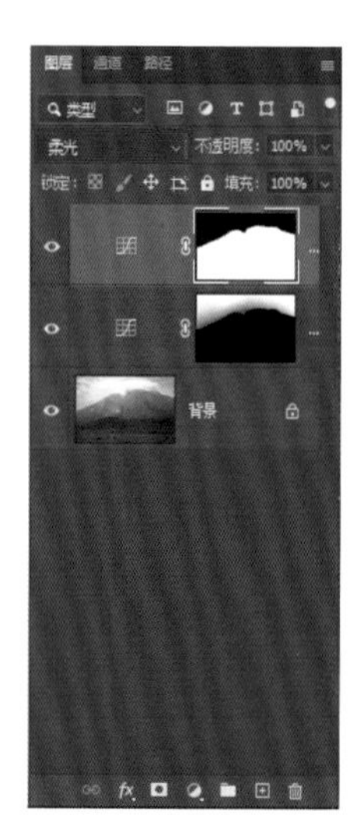

图 12-15

12.4 处理边缘

经过前面的操作，照片底部的通透度有所改善，如图 12-16 所示。此时我们将前景色设为黑色，继续使用“渐变工具”中的“径向渐变”对照片进行过渡，如图 12-17 所示，这样照片中各部分的边缘就不会太明显，如图 12-18 所示。

图 12-16

图 12-17

图 12-18

12.5 调整草地颜色

接下来我们对草地的颜色进行调整。单击“曲线”，新建一个曲线蒙版调整图层，单击“蒙版”，然后单击“颜色范围”，如图 12-19 所示。利用吸管工具吸取草地的颜色，从而将草地的范围框选出来。最后单击“确定”，如图 12-20 所示。

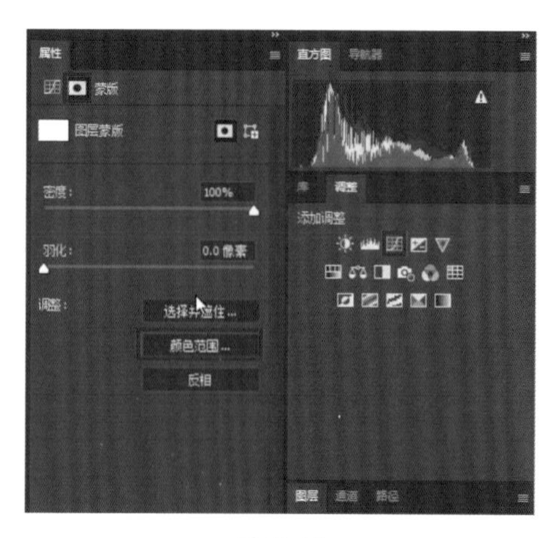

图 12-19

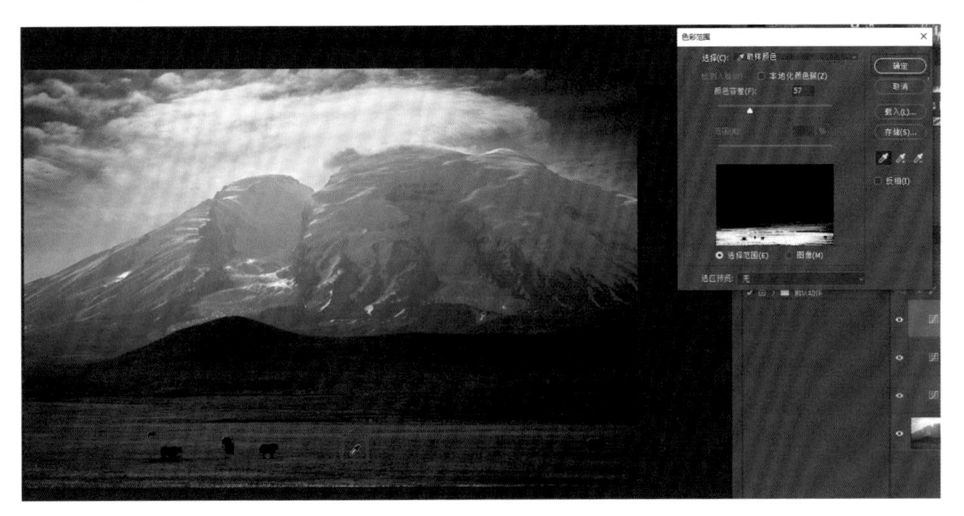

图 12-20

然后我们通过调整“RGB”通道的曲线对照片的颜色进行渲染。单击“曲线”，通过调整曲线将照片的亮度提高，如图 12-21 所示。然后单击“蒙版”，增加“羽化”的值，如图 12-22 所示，使照片看起来更自然。再选择“蓝”通道，通过调整曲线减少一些蓝色，如图 12-23 所示。

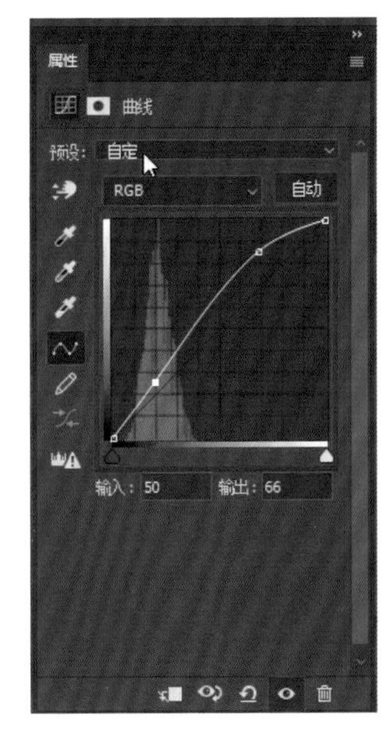

图 12-21

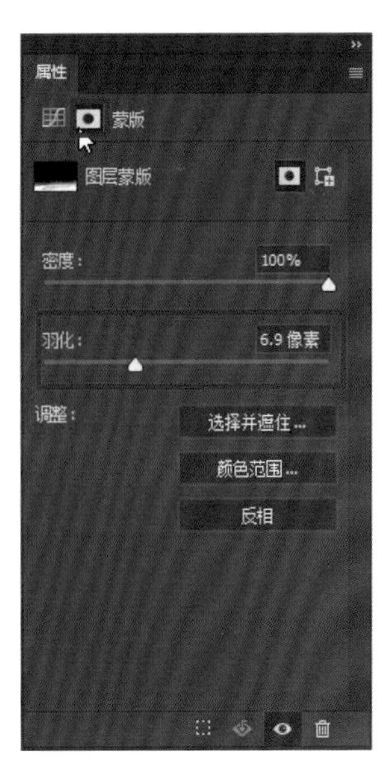

图 12-22

然后选择“红”通道，通过调节曲线增加红色，如图 12-24 所示。这时照片的亮度还是不够高，我们选择“RGB”通道，通过调整曲线提高照片的亮度，如图 12-25 所示。最后选择“绿”通道，通过调节曲线增加绿色来综合草地的颜色，如图 12-26 所示。

图 12-23

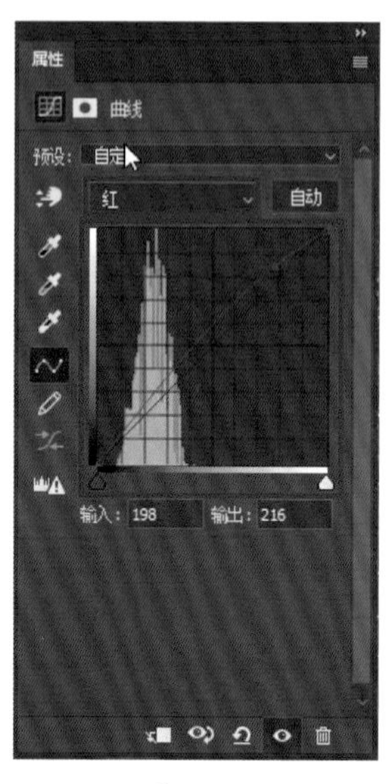

图 12-24

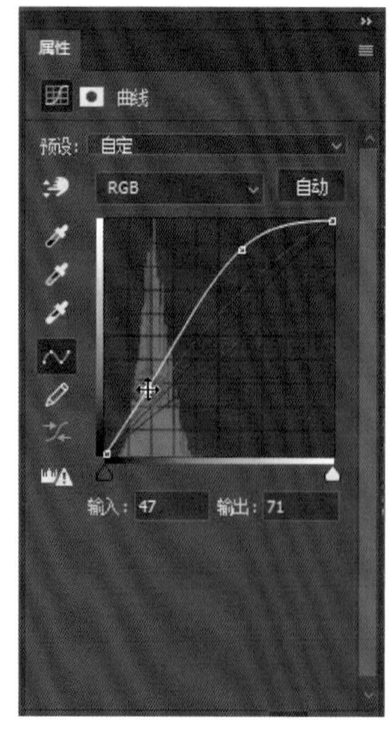

图 12-25

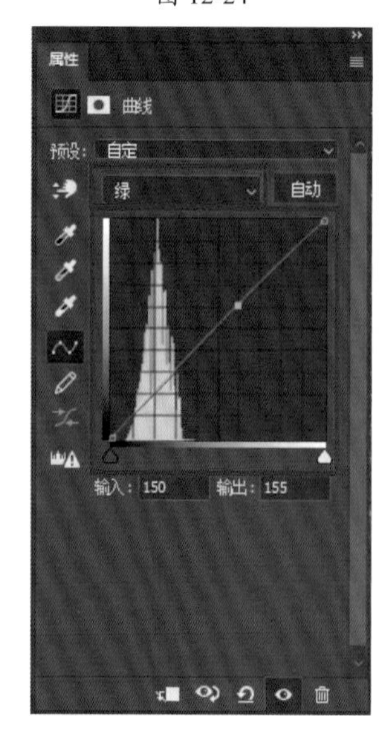

图 12-26

这时草地的颜色也调整完了，如图 12-27 所示。

图 12-27

12.6　渲染影调

接下来我们要对照片整体的影调进行渲染。用鼠标右键单击背景图层并选择“拼合图像”，如图 12-28 所示，然后选择“套索工具”，再选择“添加到选区”，框选出几个有光照的区域，如图 12-29 所示。

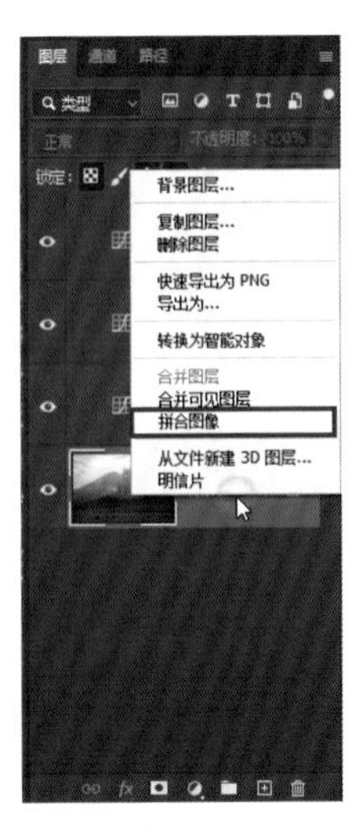

图 12-28

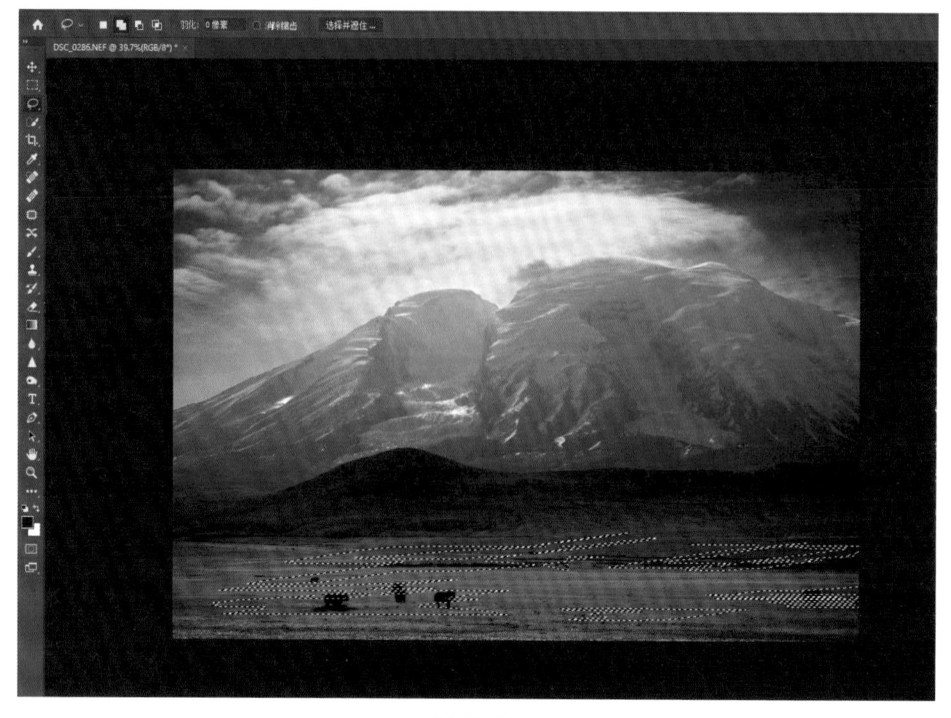

图 12-29

然后我们单击“曲线”，新建一个曲线蒙版调整图层，通过调整曲线对照片进行提亮，并压暗暗部，如图 12-30 所示。然后单击“蒙版”，增加“羽化”的值，如图 12-31 所示。再按住“Ctrl”键，单击图层蒙版缩览图，如图 12-32 所示，将选区提取出来。

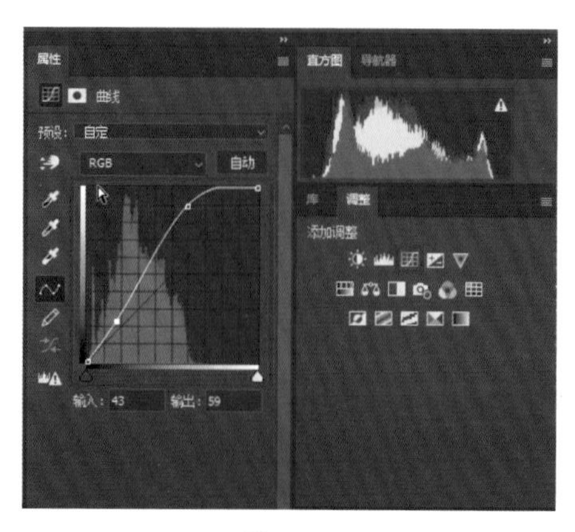

图 12-30

图 12-31

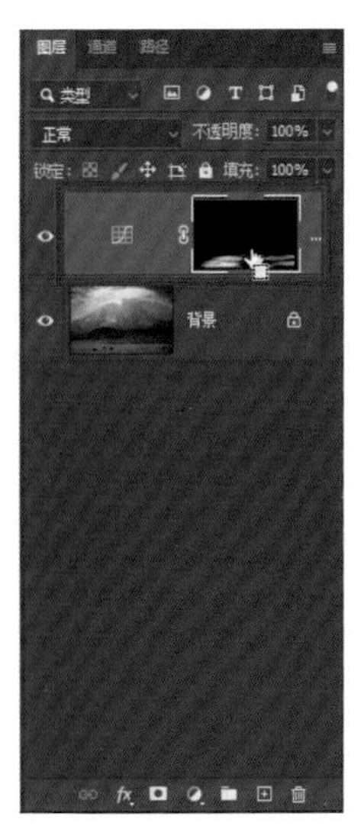

图 12-32

然后我们单击“曲线”，新建一个曲线蒙版调整图层，单击“反相”，如图 12-33 所示。然后回到调整图层，通过调整曲线将背景压暗，如图 12-34 所示。背景被压暗后，我们框选出的区域的光线就体现出来了，如图 12-35 所示。

图 12-33

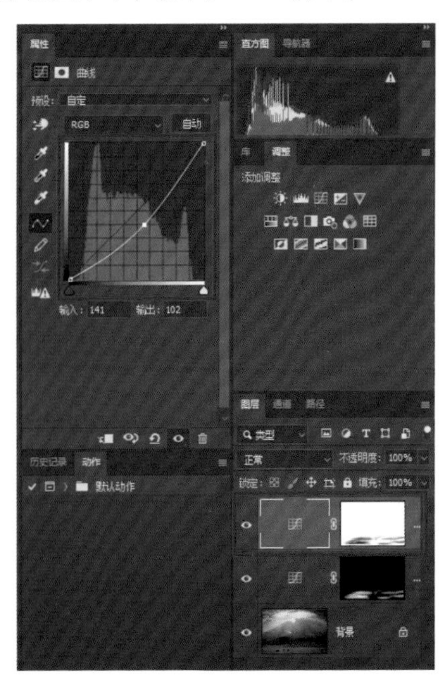

图 12-34

图 12-35

但我们发现照片四周被压得太暗了，因此使用“渐变工具”，将前景色设为黑色，选择“径向渐变”对蒙版进行调整，如图 12-36 所示，让雪山尽量不受到影响。这时整个照片的影调渲染完成了，如图 12-37 所示。最后我们用鼠标右键单击背景图层并选择“拼合图像”，如图 12-38 所示。

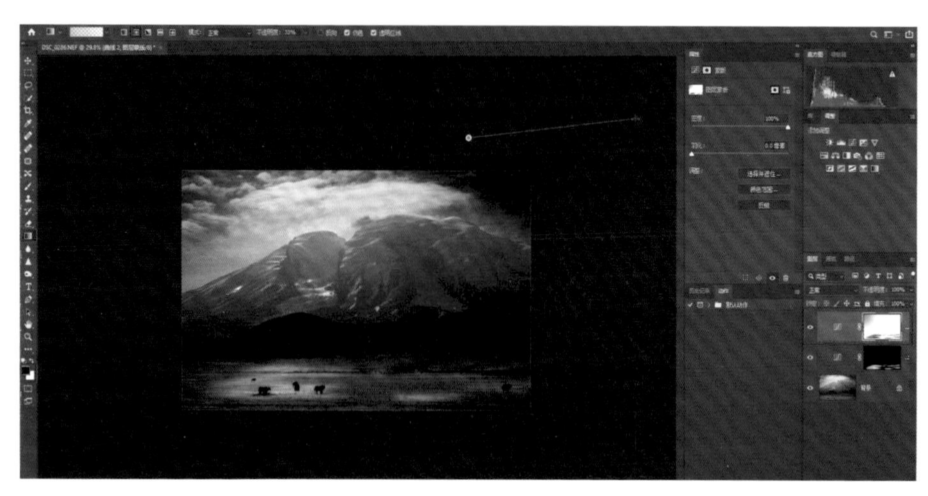

图 12-36

图 12-37

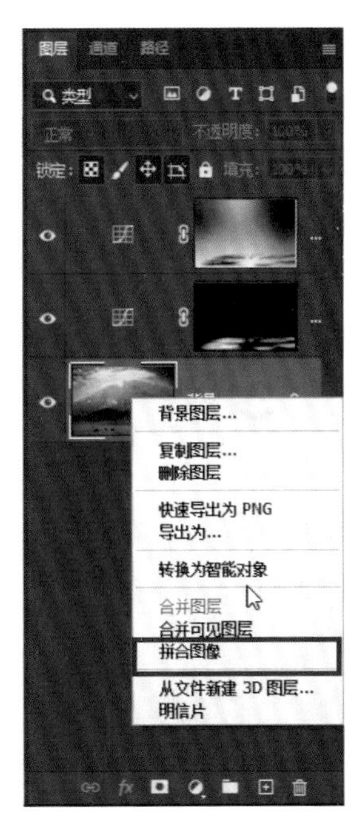
图层
通道
路径
类型
正常
不透明度：
锁定：
填充：
背景图层…
复制图层…
删除图层
快速导出为 PNG
导出为…
转换为智能对象
合并图层
合并可见图层
拼合图像
从文件新建 3D 图层…
明信片

图 12-38

12.7 再次调整颜色

我们单击“色相 / 饱和度”，再次对雪山和草地的颜色进行调整，让雪山偏青一点，如图 12-39 所示。对于草地，我们让“饱和度”稍微高一些，将“色相”滑块向左移动，让草地颜色偏黄一些，如图 12-40 所示。最后我们用鼠标右键单击背景图层并选择“拼合图像”，如图 12-41 所示。

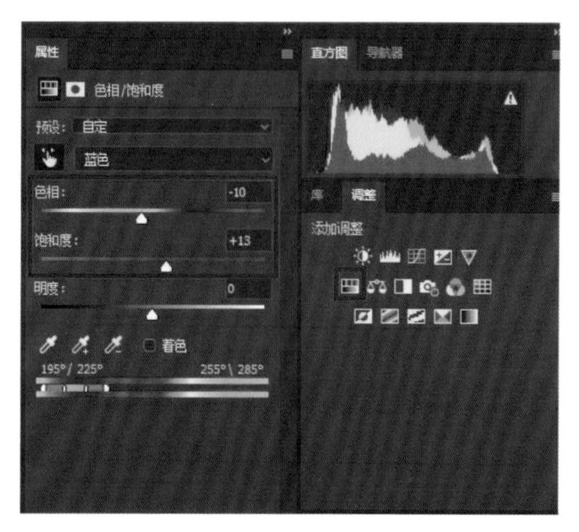

图 12-39

图 12-40

图 12-41

12.8 锐化照片

我们单击菜单栏中的“滤镜”，选择“锐化”，再选择“USM 锐化”，如图 12-42 所示。在弹出的对话框中通过调整“半径”和“数量”的值来增加雪山的细节，然后单击“确定”，如图 12-43 所示。这时雪山风光照片就处理完了，我们保存照片即可。

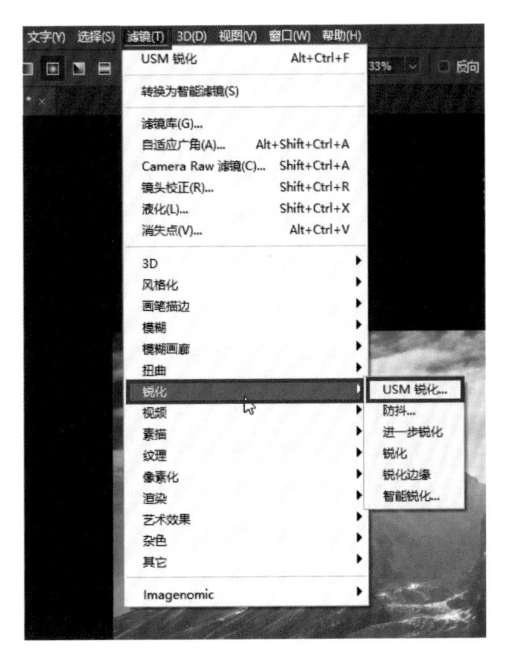

图 12-42

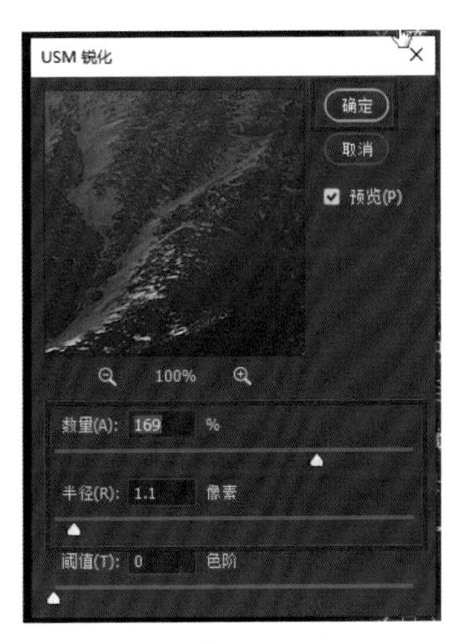

图 12-43

第 13 章　最美滩涂

本章通过案例讲解如何处理滩涂照片，照片处理前后的效果如图 13-1 和图 13-2 所示。

图 13-1

图 13-2

13.1 分析照片

我们将照片在 Photoshop 中打开，如图 13-3 所示。因为照片是用长焦镜头拍摄的，所以灰雾度很高，整体的锐度和色彩表现都很差。

图 13-3

13.2 二次构图

通过二次构图，可以调整主体位置并去除干扰元素，获得更好的视觉效果。使用“裁剪工具”对画面进行二次构图，如图 13-4 所示，然后双击保存裁剪效果，如图 13-5 所示。二次构图之后，我们可以继续调整画面的影调。单击“亮度 / 对比度”，将“对比度”设置为 100，如图 13-6 所示。然后再次创建亮度 / 对比度调整图层，增加对比度，使画面的影调变通透。

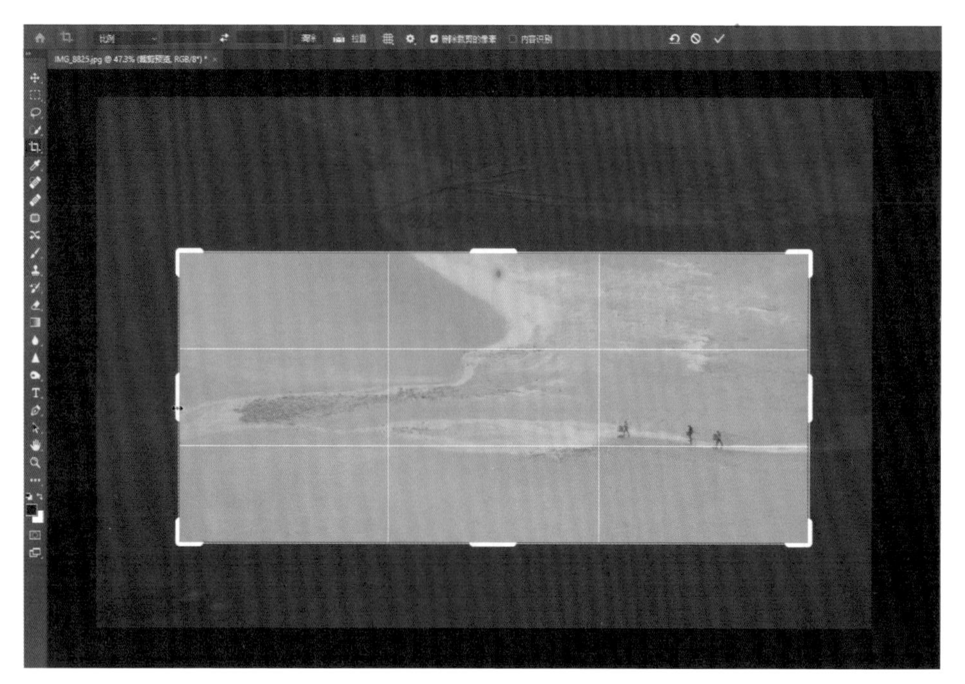

图 13-4

图 13-5

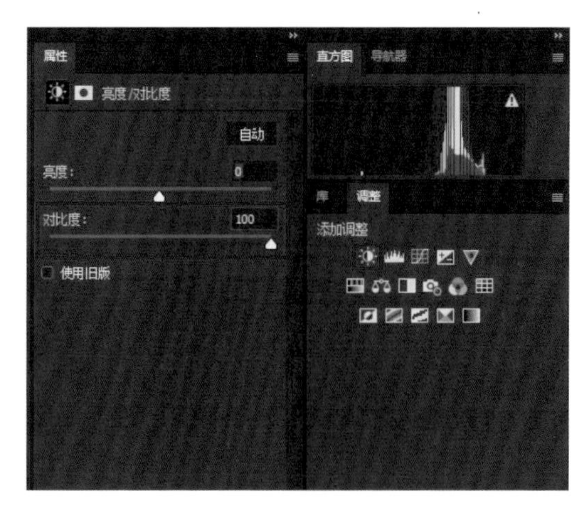

图 13-6

13.3 调整沙子的颜色

我们通过观察照片可以发现，照片的颜色不够准确，如图 13-7 所示，比如沙子的颜色应该更黄。这时我们可以单击“曲线”，创建曲线蒙版调整图层，然后单击“蒙版”，单击“颜色范围”，如图 13-8 所示。用吸管工具吸取沙子的颜色，将沙子的范围选取出来，最后单击“确定”，如图 13-9 所示。

图 13-7

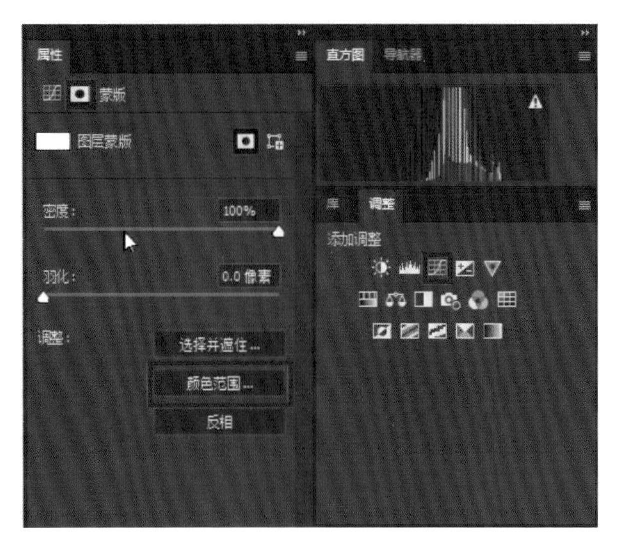

图 13-8

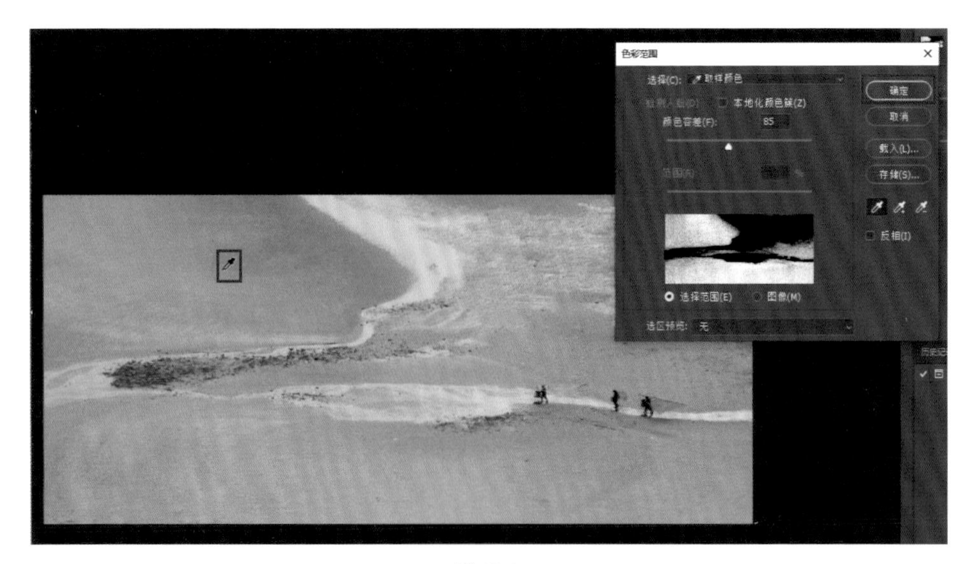

图 13-9

然后我们单击“曲线”，回到曲线蒙版调整图层，选择“蓝”通道，对曲线进行调整，如图 13-10 所示。然后我们选择“红”通道，同样对曲线进行调整，如图 13-11 所示。这样沙子的颜色就调整完成了，如图 13-12 所示。

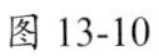
图 13-10

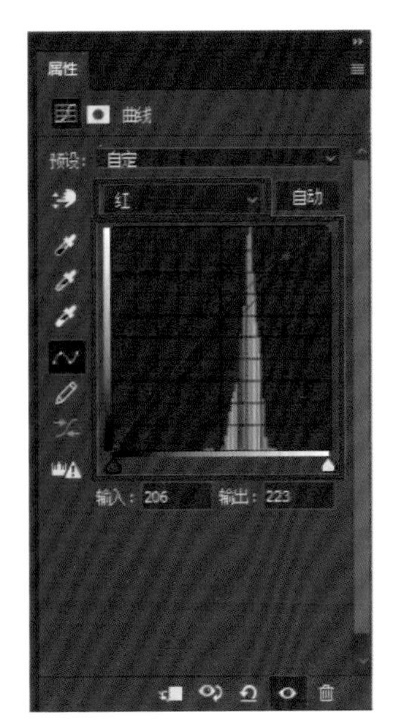

图 13-11

图 13-12

13.4　调整水面的颜色

我们需要对水面的颜色进行调整，以营造冷暖对比的效果。我们单击“曲线”，创建新的曲线蒙版调整图层，然后单击“蒙版”，单击“颜色范围”，如图

13-13 所示。然后用吸管工具吸取水的颜色，将水面的范围选取出来，单击“确定”，如图 13-14 所示。

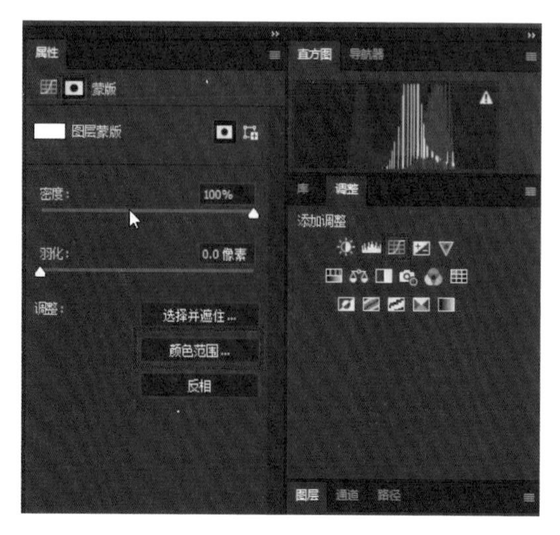

图 13-13

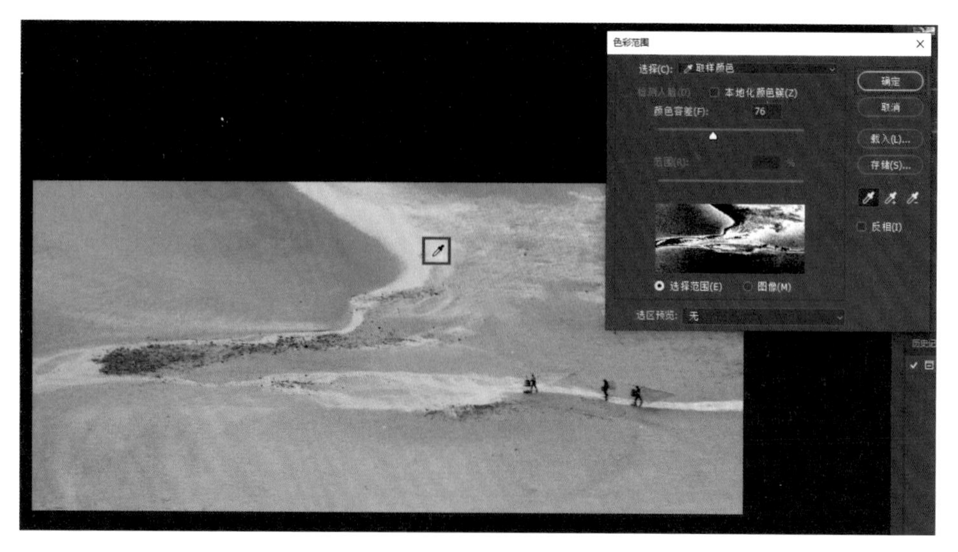

图 13-14

然后我们单击“曲线”，回到曲线蒙版调整图层，先调整“蓝”通道的曲线，如图 13-15 所示，再调整“红”通道的曲线，如图 13-16 所示，最后选择“RGB”通道，通过调节曲线提高水面的亮度，如图 13-17 所示。

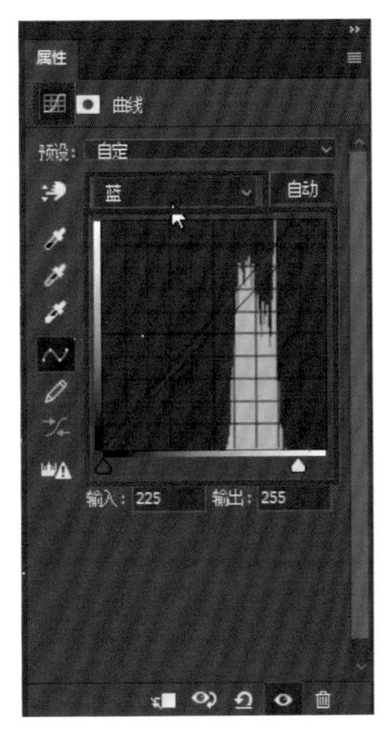

图 13-15

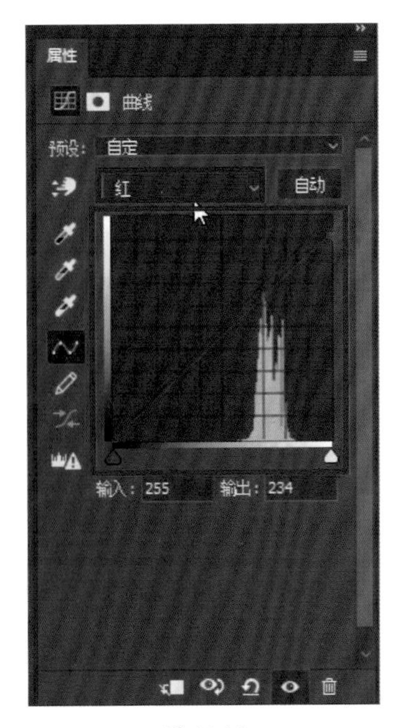

图 13-16

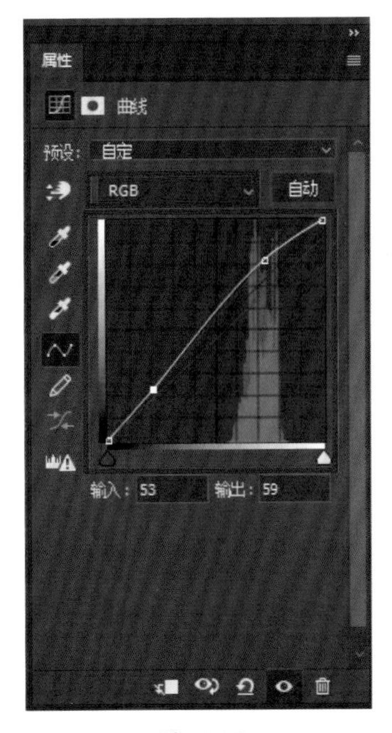

图 13-17

此时水面的颜色被调整成了偏银色，如图 13-18 所示。我们单击“蒙版”，增加“羽化”的值，如图 13-19 所示，使水面与沙子间过渡得更自然一些。

图 13-18

图 13-19

13.5 渲染光线

要对画面中的光线进行渲染，可以使用“套索工具”，在画面中随意选出一些区域作为有光线的区域，如图 13-20 所示。然后我们单击“曲线”，通过调整曲线将刚才创建的选区调亮，如图 13-21 所示。然后我们单击“蒙版”，增加“羽化”的值，如图 13-22 所示。

图 13-20

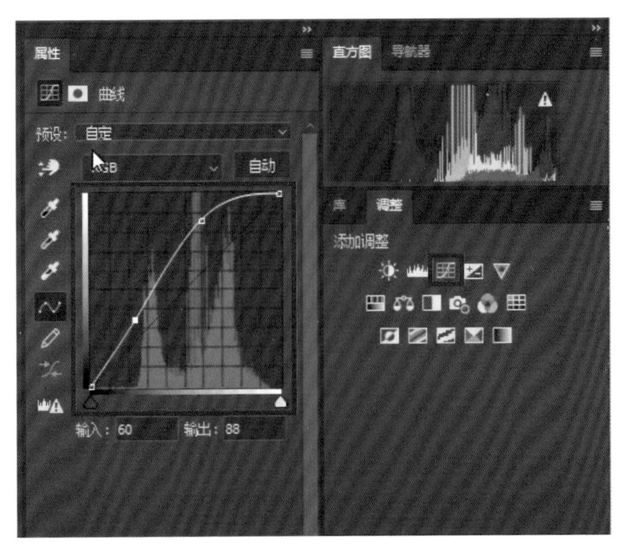

图 13-21

设置完成之后，我们按住“Ctrl”键，单击最上面的蒙版图层，如图 13-23 所示，将选区勾选出来，如图 13-24 所示。然后再单击“曲线”，新建一个曲线蒙版调整图层，单击“蒙版”，然后单击“反相”，如图 13-25 所示。

图 13-22

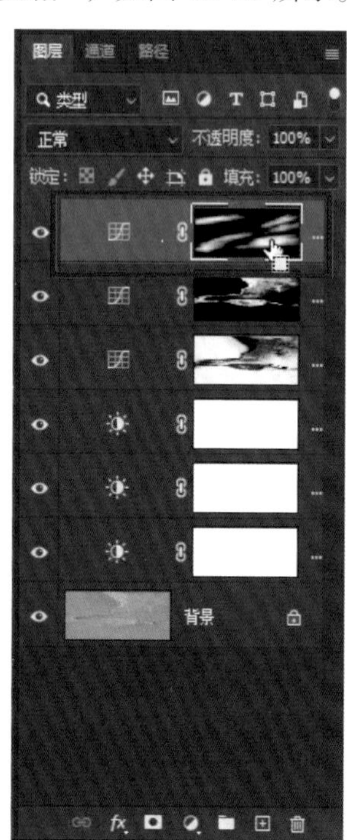

图 13-23

图 13-24

然后我们单击“曲线”，回到曲线蒙版调整图层，通过调整曲线将照片的背景压暗，如图 13-26 所示。这时我们会发现，刚才创建的选区被提亮了，如图 13-27 所示。

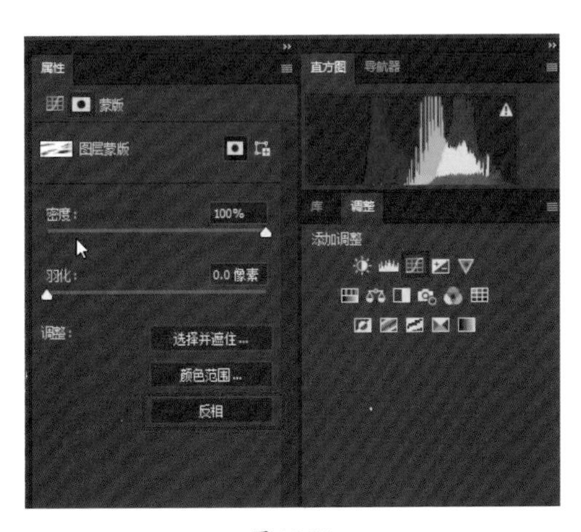

图 13-25

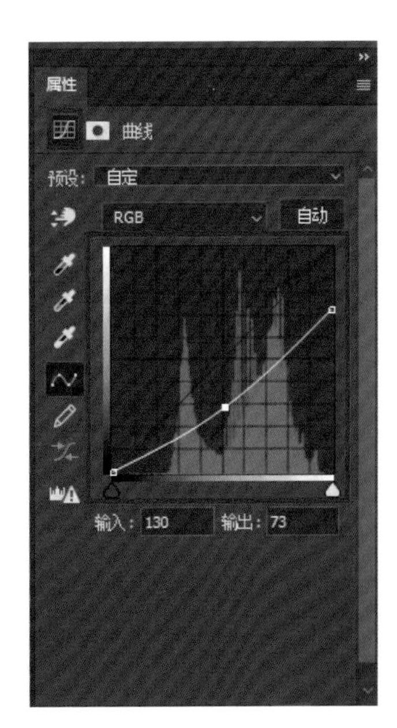

图 13-26

图 13-27

13.6 提亮水面

通过观察照片，我们会发现水面也被压暗了。要将水面提亮，可以按住“Ctrl”键，单击刚才调整水面颜色时创建的图层蒙版，如图 13-28 所示，将水面区域选中，如图 13-29 所示。

然后我们选择最上面图层的图层蒙版缩览图，如图 13-30 所示。单击菜单栏中的“编辑”，选择“填充”，如图 13-31 所示，在弹出的对话框中的“内容”一栏选择“黑色”，最后单击“确定”，如图 13-32 所示。

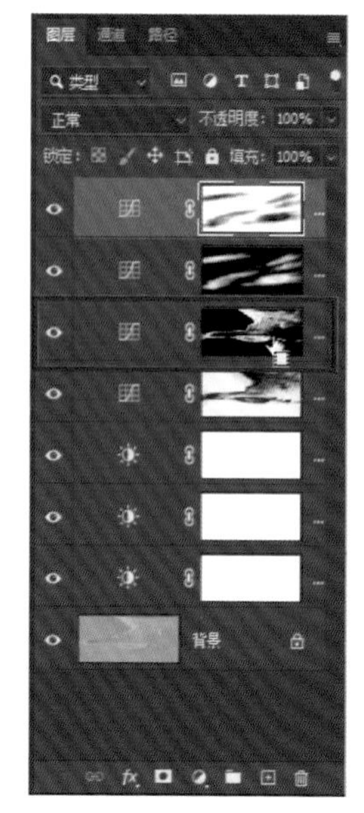

图 13-28

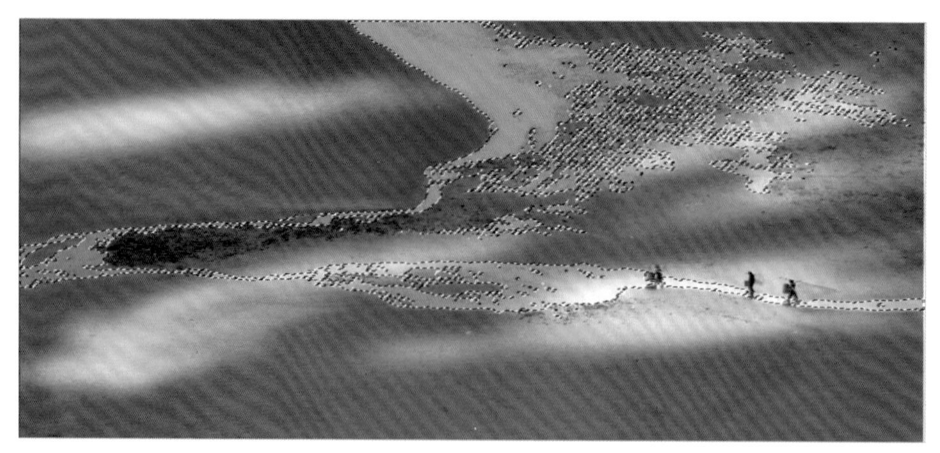

图 13-29

然后我们单击菜单栏中的“选择”，选择“取消选择”，如图 13-33 所示，这时会发现水面被提亮了，如图 13-34 所示。最后我们稍微增加一点“羽化”的值，如图 13-35 所示。

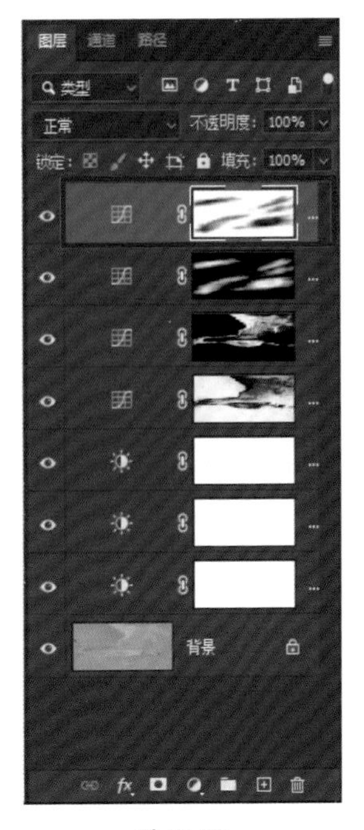

图 13-30

图 13-31

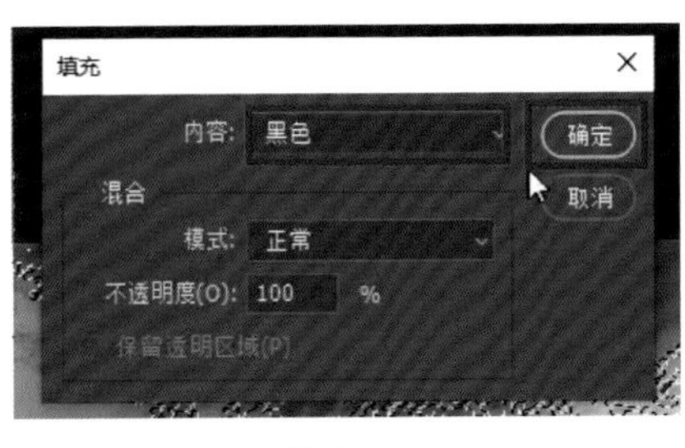

图 13-32

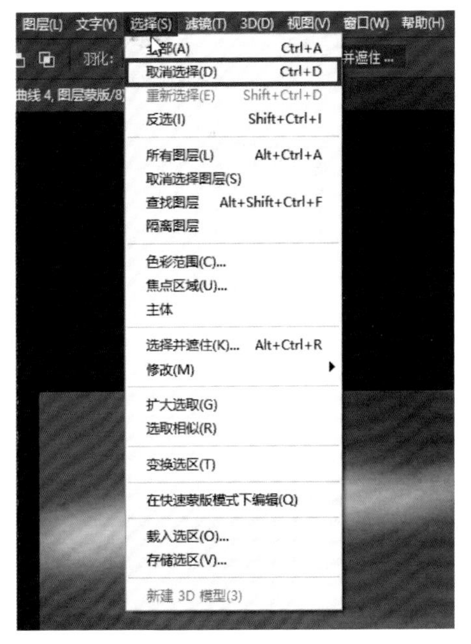

图 13-33

图 13-34

图 13-35

13.7 调整影调

我们还要对照片整体的影调进行调整。单击“曲线”，新建一个曲线蒙版调整图层，如图 13-36 所示。将混合模式更改为“正片叠底”，如图 13-37 所示。然后将曲线调整到合适的位置，如图 13-38 所示。

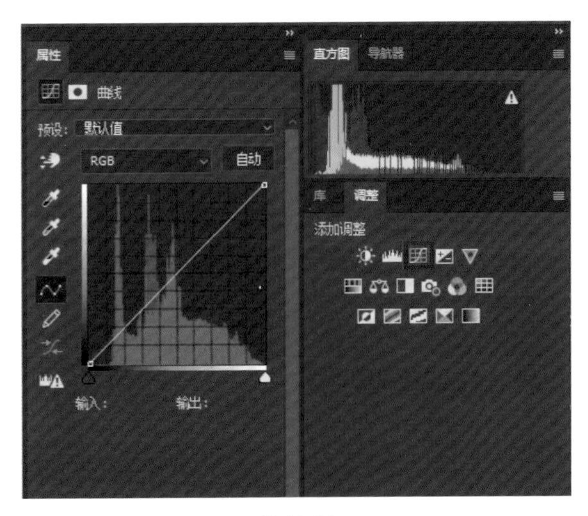

图 13-36

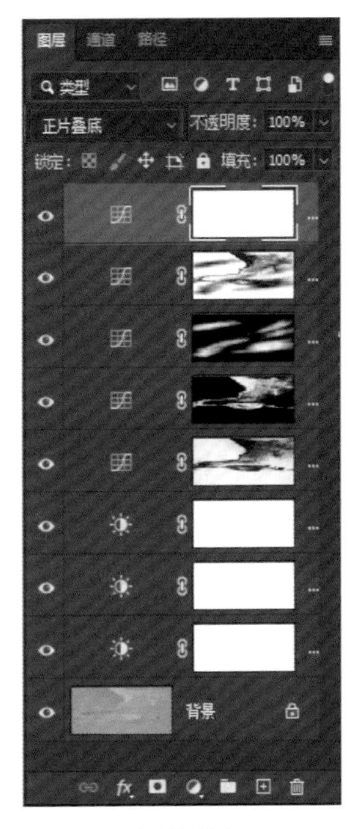

图 13-37

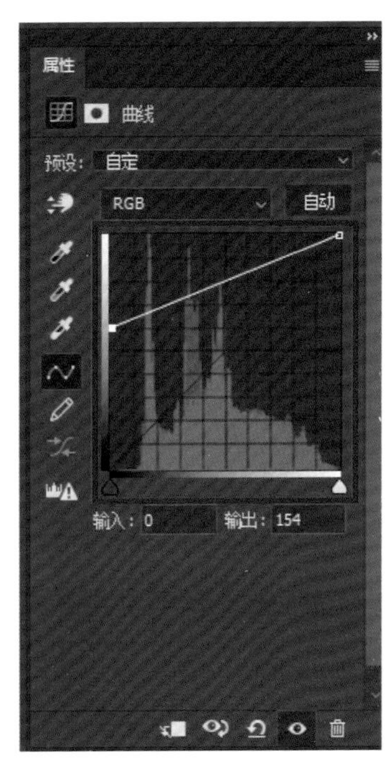

图 13-38

13.8 再次调整沙子的颜色

最后如果对沙子的颜色不是特别满意，可以单击“色相 / 饱和度”，选择吸管工具选取沙子的颜色，然后通过改变“色相”值将沙子的颜色调整为我们喜欢的颜色，如图 13-39 所示。这样滩涂照片就处理完了，最后我们保存照片即可。

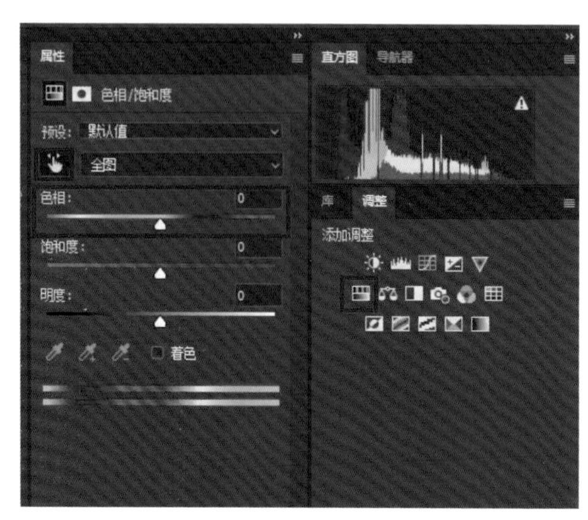

图 13-39